# 主廚帶路

風味絕佳的東臺灣食材之旅

Sinasera 24 Chef's Recommendation

楊柏偉 Nick ——著

推薦序——

# 主角不是我

Taster 美食加創辦人／**Liz 高琹雯**

臺南人 Nick，成了臺東長濱的代言人，只因他開了一間餐廳。

「Sinasera 24」近幾年名聲鵲起，海內外饕客興味盎然，不在國際美食雷達上的臺東鄉野，竟然出現了一間法式高級餐館？擺明使人專程前往，這米其林三星等級的企圖心，展演了東海岸的風土與食材，神采飛揚，圈粉無數。Nick 也站上了舞台接受了掌聲，儼然是臺灣年輕主廚中的一號人物。

好不容易，Nick 要出第一本書了，書名卻不見他自己與餐廳，一篇篇故事的主角也不是他。這是我讀此書最感動之處，Nick 把自己放在角落，只因他盼將舞台回歸啟發他、引導他最巨的，土地與人。

一間餐廳的成功從來不只是因為一位主廚，一位主廚的成功也從來不只是因為一道料理。主廚空有技術，沒有食材與生產者，也是枉然。長濱對 Nick 簡直有廚師養成的再造之恩，Nick 娓娓道來一位位生產者的來龍去脈，宛如一張張感謝卡，不僅讀得到知識，也收穫了愛。更提醒了我：「Sinasera」是阿美族語「大地」之意。

推薦序——

# Be the only

漣漪人基金會共同創辦人／**朱平**

Nick是一個幸運的人，因為他能從小就找到自己的「喜歡」。坦白說，當初我只是高興看到在臺東長濱有一個很用心的廚師及餐廳，以後有朋友來臺東玩時，又多了一個可以「炫耀」臺東的地方。

連續去了幾次Sinasera 24，開始喜歡上Nick，覺得他誠懇、認真、謙虛、專業，尤其能在長濱蹲點深耕。仍記得他帶我及Ming去看他在長濱採買香草的香草園，看到他透過一個餐廳，帶動整個長濱的社區精神，重新定義「Farm to table」。Sinasera 24的今天，不僅是Nick個人的故事，在書中，還可以看到他真心的希望更多人能認識這些在臺東跟他合作職人們的故事。

最近韓國的《黑白大廚》節目，我最欽佩喜歡的是白湯匙「崔鉉碩」，他雖然已是這麼有名的專業廚師，願意參加《黑白大廚》就已經是贏了自己的心魔。在關鍵比賽時，還承認自己忘了放最重要的調味料——蒜頭。而大家都喜歡的Edward Lee更勇敢冒險，做一個大膽創新的甜點。雖然最後兩人都未奪冠，但他們的謙虛、不斷挑戰自己的極限，對我來講卻是真正的贏者。

Nick就讓我想到白湯匙「崔鉉碩」及「Edward Lee」。Nick是「心懷大愛做大事」的人，一生從領班Lee、主廚Jany、主廚稗田、李老闆、甚至長濱的媽媽班教室之中，得到許多幫助，真是自助才能得到人助的好故事。

當Nick答應願意參加我跟Ming建立的Ripplemaker Join Us（RJU）第三期漣漪會時，我就知道Nick是用行動擁抱不確定，走出自己的同溫層。在和我一對一的私塾中，我鼓勵他除了要跟長濱鄰里多接觸外，更要能走向國際，讓世界看到臺東。不管黑湯匙、白湯匙，要能勇敢做自己——Be the only！

（不知怎的，突然也想吃塞入滿滿香噴噴奶油內餡的泡芙）

推薦序——

# 情繫，臺東餐桌

飲食生活作家／葉怡蘭

展讀此書，心中不斷激動湧現，是一段又一段，過去幾年與臺東、特別是Nick主廚所立足的長濱緊密緣結情繫的美味回憶。

二〇二〇年，一趟環島之旅，我對長濱一見鍾情，此之後，多則半年三趟、少則一年也有一趟，我一次又一次不斷回到這裡，就這麼被這地方攝了魂、攫了心。

墜入情網緣故，一開始是因為那絕美的海景、懾人的寧靜，但慢慢越來越著迷，卻是這兒的食材——天地鍾靈、風土孕育以至環境的純淨，還有無數懷抱夢想的職人的心血投入，使這兒的海陸食材總是展現出無比飽滿的存在感，彷彿從海裡、森林裡、田園裡、工坊裡直接躍上餐桌，每一嚐都感動。

所以，來到這裡，我總是堅持租住附帶廚房的旅宿，只因情牽若此，光是食店裡餐廳裡（當然包括 Sinasera 24！）大快朵頤遠遠不夠，還想親手親身入廚烹調，以能零距離直截歡享這人與自然優美攜手造就的美與惠。

遂分外興奮得見此書的出版——是的，書中所載，絕高比例正是我幾年來一往情深，每回一落腳下來便定然一一買齊、好好享用回味的食材。而這會兒，得能跟隨長年浸淫深耕此中的 Nick 主廚的腳步，透過他的透徹觀看、精準品評與精彩廚藝，細細耙梳、理解背後的門道故事講究種種，真有說不出的過癮與歡喜。

唯一問題只有，同時勾動的不只味蕾的饞涎，還有深切的想念——嗯，也許該是時候，再來一趟東臺灣之旅了！

推薦序——

# 他改變了偏鄉的飲食文化

台灣觀光協會榮譽會長／台灣公益平臺文化基金會董事長／**嚴長壽**

二〇〇八年，我卸下觀光協會會長、中華美食展主任委員及亞都飯店總裁等職務後，便懷抱著推動花東地區永續觀光的使命來到臺東。當時，我選擇長濱與豐濱作為我第一個投入的重點區域，因為我深信這裡蘊含著豐富的文化底蘊與發展「慢生活」的無限潛力。

這些年來，我與不同領域的夥伴，投入了許多心力來支持當地的產業發展與部落振興。從阿美族陳耀忠與哈旺共同成立的「陶甕百合春天」與「巴歌浪」的合作，到真柄部落及比西里岸部落的文化與觀光推廣，乃至於成功鎮的旗魚餐廳、成功豆花的設立，還有許多沿途民宿的輔導，都見證了花東地區逐步蛻變的過程。

儘管我們看到了許多成果，但我始終認為，要讓花東地區邁向另一個更高的國際水平，必須有更多足以吸引國際旅客的優質餐廳。在這個關鍵時刻，西部科技界李董事長夫婦的到來，為長濱注入了全新的活力。他們不僅購置了「畫日風尚旅館」，還以無比的熱情與誠意，邀請了原本在法國尼斯米其林三星餐廳工作、對長濱懷有深厚情感的年輕主廚楊柏偉，回到這片土地，展開他的飲食藝術旅程。

楊柏偉主廚的到來，以及他所創立的Sinasera 24餐廳，為東海岸的飲食水平帶來了質的飛躍。我與基金會的范希平等夥伴也感到無比榮幸，能在創立之初提供一些微薄的協助，並引薦了不少美食愛好者前來體驗這獨特的精緻料理。如今，長濱已成為許多饕客及深度旅遊愛好者的必訪之地，而柏偉主廚與Sinasera24更是在這過程中扮演了不可或缺的重要角色。

衷心希望楊主廚能在未來繼續引領花東的餐飲產業，帶動整個地區邁向一個嶄新的生活文明境界，讓更多人透過他的料理，感受花東土地的深厚情感與無限潛力。

Sinasera 24
Chef's
Recommendation

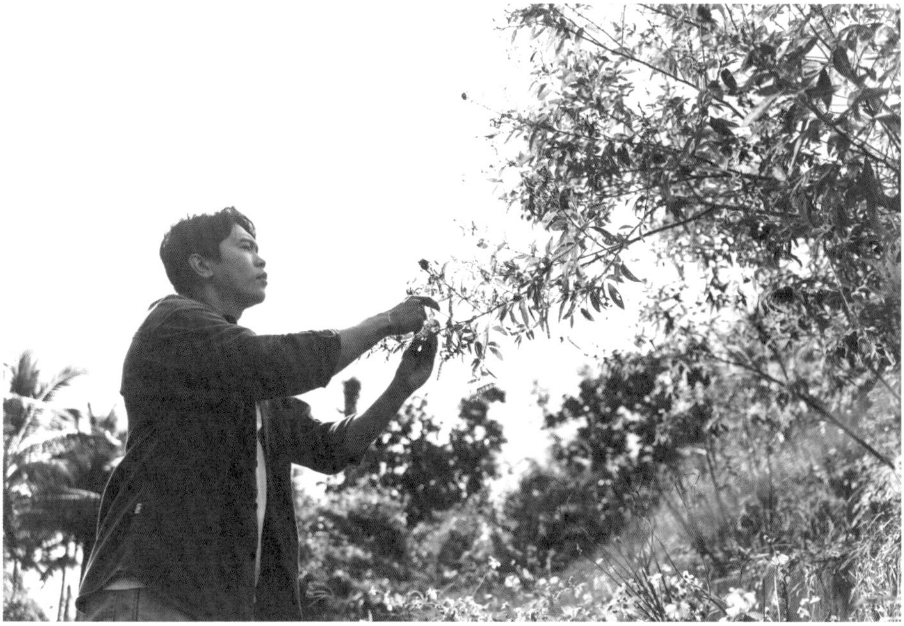

- Contents -

– PREFACE –

自序

# 因為喜歡，所以用心、用力

記憶中，我從小就跟著外婆進出辦桌場所，參與各種尾牙春酒、廟會慶典等活動。

外婆是臺南善化的總鋪師，每次跟著她總會吃到好東西，她拿手的滷肉、麻油米糕、木炭燉煮的雞肉等，至今都是令我念念不忘的味道。

在廚房裡，外婆會讓我幫忙打下手，現在想想，能不給她添亂就要偷笑了！或許是因為外婆的照顧，讓我非常喜歡自己動手做料理，並且享受那種獨立完成一件作品的感覺。

國小三、四年級的時候，我離開外婆家，跟著父母到大灣生活，每次想念外婆的時候都會自己偷偷跑進廚房玩耍，有次自己在家做披薩，還差點把房子給燒了！

那時候電視臺流行播放日本的一些美食節目，其中《料理東西軍》特別吸引我。每集都會有兩組廚師團隊，以一項特定食材創作比賽。每次看到漂亮的甜點都讓我感到很驚喜，覺得做料理給別人吃是一件很幸福的事情，內心萌生想要成為甜點師，做出一件件美麗的作品的想法。

因為享受自己動手做的感覺，國中時期我特別喜歡美術課跟家政課，縫製可愛的狗狗娃娃、用繩結綁成吊橋等。有時候我會趁大家午休的時候繼續偷偷做，有次還被班導林老師發現，她看出我對這方面很有興趣，鼓勵我去參加技藝課程，而我選擇了跟甜點相關的烘焙課程，往甜點師的夢想前進。

在一週三堂的技藝課程中，我遇到了麵包師施清堂，從麵粉、酵母、塑形到烘烤，他手把手地教我們各種知識和撇步。那時候他經營一家麵包店，下課後我便詢問是否能到他的店裡打工學習，他也爽快地答應了。

施師傅平常有在接辦桌的甜點，每次都是四、五百人的場次，我被分配到灌泡芙的工作，不停地把香噴噴的奶油內餡擠進泡芙中。剛開始還拿捏不準力道跟角度，經常會失敗，師傅就讓我把失敗品帶回家跟家人分享。店裡奶油都是現煮的，不是那種用粉打發的，報廢數量之多，導致我爸媽吃到心生畏懼，我倒是吃得不亦樂乎，沉浸在享用自己作品的幸福感之中。

升高中時，我選擇到南英商工就讀，半工半讀。在臺南大飯店打工的時候，遇到了我的啟蒙恩師，他的拿手絕活之一是蔬果雕刻。

那時候我每天早上七點上學，五點下課，六點上班，直到晚上十一點才下班，回到家早已精疲力盡。但那種不想輸給人家的感覺，支撐著我每天下班後練習到凌晨兩點才回家。雖然手指因為長期握著雕刻刀施力而變形，卻不影響我想要更精進自己技藝的決心。後來參加多項國內的果雕比賽，榮獲不錯的成績，也讓我更想看看外面厲害的選手，到底是什麼模樣。

進入大學後，我將目標轉向國際比賽，得到許多貴人指點，一路過關斬將，最後取得在莫斯科舉辦的世界盃歐洲蔬果雕錦標賽一金一銀的認可。有了國際認證，大學畢業後我被保送到臺灣首府大學休閒管理學系碩士班，一邊進修，一邊擔任果雕指導老師，培訓更多學弟妹參加比賽。

即便我很喜歡果雕，但在大學時期發現競技類型的行業發展有限，如果想要看得更多、學得更多，勢必要從另一個領域切入。所以在大學後半段的實習，選擇了臺北的W飯店。

第一次接觸所謂的西餐、法餐，那時候帶領我的是領班Lee，現任高雄Marc L³餐廳主廚Marc及NOBUO主廚Nobu，他們對於廚房與料理的專業與重視，對我而言是一場震撼教育，從組織能力、烹飪技巧到流利的英語溝通能力，都是我不曾接觸過的，打從心底崇拜跟熱愛這個新發現，並打算以此做為新的人生目標。在W實習期間奠定了我的法餐基礎，我把握下班時間繼續留下來學習更多，並在當兵前隨Lee一起到L'OCCITANE Café工作，學習到了一些南法的傳統菜色。Lee分享他過去的經歷，一直鼓勵我到法國學習，可以感覺到他真心希望我更好，我也暗下決心要追隨他的腳步。於是在念碩士班與帶隊比賽的過程中，我想辦法增進自己的廚藝，也透過參與香港廚藝美食競賽等方式，與外界切磋、打磨廚藝技巧。

在不停歇的學習過程中，穿插了一年的服兵役時間。事前我一直在思考，如何在這一年中繼續累積學習，或是到一個沒有去過的地方好好探索和生活？而我跟「長濱」的緣分就此展開，也就是Sinasera 24法式餐廳現在位處的東海岸城鎮。

兵役結束後，希望能真正認識法國料理的我，選擇前往法國進修。從語言學校開始，接著進入學校配合實習的普羅旺斯米其林一星餐廳 La Bonne Etape 工作，學習以在地食材為導向的傳統南法料理。

餐廳主廚 Jany Gleize 是一位滿頭白髮、和藹可親的老先生，與女兒一同經營家族生意，我所在的餐廳隸屬於他們經營的小旅館。那個時候臺灣還未流行「產地到餐桌」的風潮，每家法式餐廳有固定配合的進口廠商，在廚房用手機就可以叫到所需規格的食材。大家在廚房裡關心的大多以料理技巧為主，所以到南法工作最令我印象深刻的，就是餐廳旁邊的超大菜園，種滿各式香草、蔬菜、水果。主廚 Jany 每天早上進來廚房的第一件事就是制定當天專屬的菜單，將當日新鮮採收的食材分配在每道料理中。

這份工作帶給我的驚喜不止於此。距離餐廳不遠處有家小羔羊屠宰場，三天兩頭就會送來整隻羔羊，我們需要自行分切出羊小排、脖子肉、羊腿等，用不同的處理方式呈現在各種料理中。對餐廳廚師們來說，全食利用是再日常不過的事情，對我來說卻是第一次的體驗。

在 La Bonne Etape 工作的那段日子，主廚 Jany 帶我們去看狗狗採集松露的過程，品嘗新鮮出土的松露，從橄欖園搬回整桶現榨 80 公升的橄欖油，在煙燻室裡處理肉類，參觀法芙娜巧克力工廠的製作過程……好多難忘的第一次。

主廚Jany就像父親一般教導我、照顧我。

某個平凡的午後，主廚Jany告訴我是時候去更好的餐廳了。他幫我寫好推薦信，開車送我到火車站，並且目送著我離開。火車啟動的那一刻，我在心中默默跟自己做了約定，未來有一天，我要開一間跟他一樣的餐廳，找到當地的農夫、牧民等，用在地食材做菜，並將我在這裡的體驗與感動延續下去。

我拿著Jany主廚的推薦信，很快找到在法國的第二份工作，是位於地中海沿岸馬賽、由Gérald Passedat帶領，以海鮮料理為主題的米其林三星餐廳Le Petit Nice。主廚Gérald是馬賽的傳奇人物，他與十幾位漁民合作，替餐廳供應超過八十五種海魚，遵循漁獲的季節性，依據當日所得的海鮮來制定菜單。與La Bonne Etape類似，Le Petit Nice隸屬於五星級飯店體系，另外還經營著一間bistro（餐酒館）及選購店，提供餐廳內使用到的酒水、自製果醬等，整體規模更大，光是法餐廚房人數就是前東家的三倍多。每天客流的吞吐量更是驚人，相對地，追求品質的壓力也不言而喻。面試的時候，主廚告訴我：「試用期一個月，不行走人。」要說當下沒有壓力是騙人的，但都已經來到這裡了，不管怎樣，都想要身體力行。

我從小就喜歡吃海鮮，想要了解更多海鮮相關的知識，也是我選擇這份工作的原因之一。

第一天上班，就有種刷新三觀的感覺。餐廳正對著對地中海，到海邊提取海水回來料理是日常。每天漁船進港，就有各式各樣的海魚不停地往廚房運輸，而負責魚肉處理臺的師傅則不停歇地處理著手上的漁獲。

作為新入職的小廚師，我抓緊所有機會，跟著師傅去採買、仔細觀察並接觸料理技巧，下班後留下來學做甜點，逐步跟上了廚房的節奏，也慢慢被團隊所接納。

上班四個月後，某天主廚突然問我，「想不想試試看擔任魚類領班？」原來的領班離職有了工作空缺，而我自然不會放過這麼好的機會。

作為一家只供應海鮮的三星餐廳，魚類領班的工作量是我過去不曾經歷的。每天早上八點上班，至少凌晨一點才下班。週休二日的時候，我跟著主廚到另一間餐廳幫忙，過著極度充實的生活。這段期間，我學習了地中海海域各式海魚的名稱、不同魚類的處理及料理方式，最重要的，是配合天氣調整漁獲的處理。

記得有天我在整理食材的時候，發現魚的進貨量不夠，影響到某道料理無法供應，趕緊向主廚反應。主廚則是趁機教育我，跟我分享「看天吃飯」的原則，知道未來幾天天候不好，很有可能影響漁獲量的時候，就要事先採購，用熟成等保存方式來囤貨。

每天處理海鮮的廚師，應該要最清楚每種海魚的質地與特色，如何及時調整，而不影響餐點的呈現品質是重要的課題。這些話烙印在我心中，也讓我更積極地學習海鮮的各種保存方式，包括風乾、製酒、醃漬、發酵等。

在Le Petit Nice的工作經歷雖然辛苦卻讓我感到無比快樂，主廚會邀請我到他家一起做菜，或者下班回家途中與我討論食材的可塑性，他也會信手拈來路邊的植物、香草，讓我嘗看看。

在法國期間，有這兩位主廚的領導與教誨，讓我心中的餐廳雛型慢慢成形。也是這幾年在法國工作、生活和產地實際走訪，讓我更貼近土地，懂得聆聽大自然的聲音，遵循節氣與自然法則做料理。而我也將這樣的經營理念帶到Sinasera 24，把自己在法國的所見所聞和感受貫徹其中。

出版這本書的初衷很簡單，我想讓更多人看見食材背後的故

事。那些負責栽種的農民、養殖的牧民、捕撈的漁民，他們才是最接近、最了解食材的人。有些人為了讓家鄉更好而返鄉創業，有些人選擇來到花東落腳生活；不論如何，他們都有著堅定不移的理念，持之以恆的努力，才有今天我們看到的樣貌。Sinasera 24足夠幸運，有機會跟這些職人合作，彼此之間擦出美麗的火花。我期望讓更多人看到、理解並認同在地食材的力量。或許有一天，臺灣每個小城鎮都可以有一間餐廳，訴說著在地生產者的故事。

Sinasera 24
Chef's
Recommendation

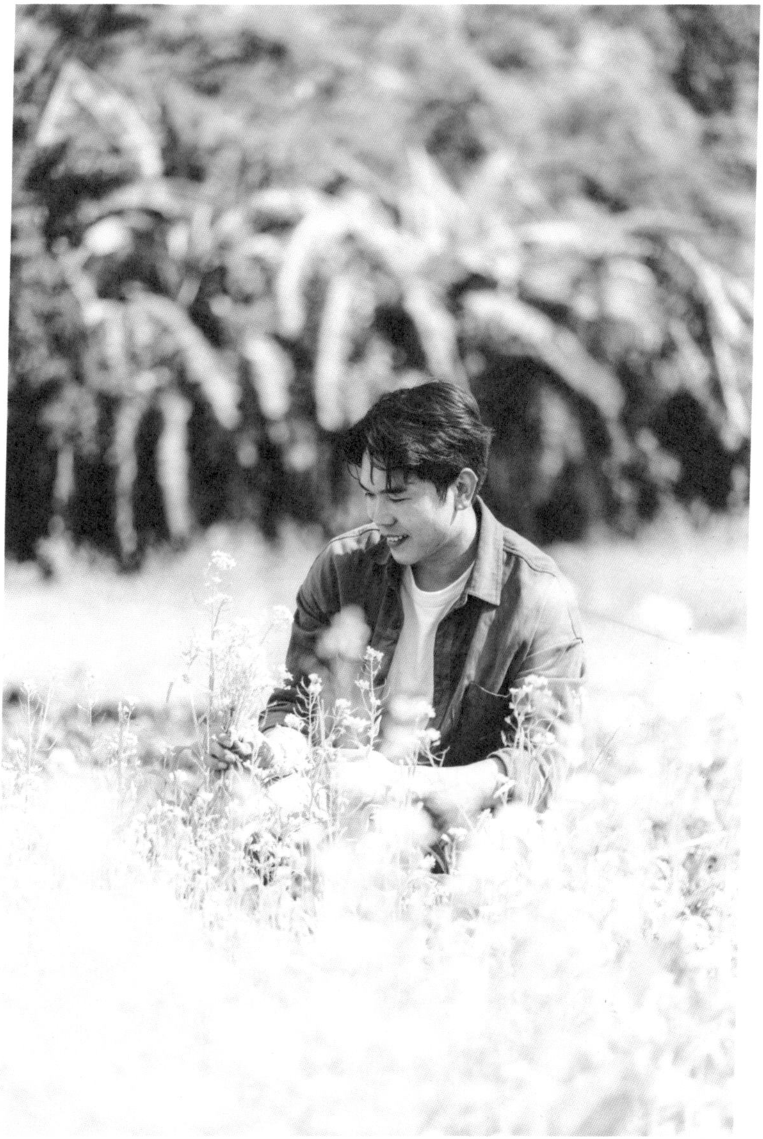

- PROLOGUE -

前言

# 以二十四節氣譜寫大地風味 Sinasera 24

Sinasera 24
RESTAURANT
Je me suis étendu sur le cœur de la terre et
j'ai entendu les mots du soleil

Sinasera 24是花東少見的fine dining餐廳，從二〇一七年成立至今，已進入第七個年頭。

我與長濱的緣分要從服替代役說起。

在成功嶺初訓結束後，等待分發。那時候我唯一的念頭就是不希望離家太近，想到一個新的地方好好體驗生活。在地圖上看到了「長濱」，一個位於花蓮與臺東的交界處、從來沒聽過的地方，頓時吸引了我，而我也如願以償地來到這個與海為伴的部落。

到長濱國中報到第一天，校長詢問我是否有興趣在學校開辦餐飲教育課程，我當然非常樂意！除了日常除草、補水泥、換燈泡、夜間巡邏等雜務，我把握剩餘的時間將閒置的教室改成廚藝教室，準備教案，走訪花東沿岸的餐廳尋找贊助。校長也非常熱心地尋找校友提供贊助，第一屆的餐飲課程就這樣開班了。當初的構想是讓孩子們能夠增長見聞，知道這是未來的生涯規劃選擇之一。課程涵蓋了許多認識食物的內容，比如小美冰淇淋與哈根達斯的差異性、新鮮香草莢與香草精，還有香草醬的區別等。另外也教導大家簡單的烘焙、中西餐料理技能等。在這個過程中，訓練出兩位女同學去參加臺灣廚藝大賽，其中一位同學張婷在兩百多位選手裡脫穎而出，榮獲銅牌，成為年紀最小的參賽選手，讓長濱國中有機會被臺東教育處看見，從而提撥經費，讓這個課程得以細水長流地延續下去。

在地媽媽們聽聞學校成立廚藝教室，主動詢問是否有可能與社區結合，安排晚間課程。經過校長同意，媽媽班教室很快就開班招生，來參加的學員們有些致力於無毒農法的推廣，有些對咖啡特別有研究，他們時不時會帶來自家種植的作物分享，讓我對長濱留下深刻的印象。長濱因地理位置的特殊性，蘊藏了豐富的物產，也保留了濃厚的人情味。然而，那時候的我更在意烹調技術，對食材一知半解，一直到法國工作後才開始學會欣賞風土與食材。

一年的教育服務役很快就結束了。離開之前，一部名為《明日記憶》的影片紀錄了我在長濱的這段時間生活。影片最後有句話「長濱的土會黏人」，似乎道出了我與長濱命中注定的不解之緣。

## 當命運來敲門

在法國那幾年我過得非常充實，即便每天上班猶如上戰場一般，回家倒頭就睡，那種想要學習更多、探索更廣的決心，從來沒有停歇過。就在我以為生活會這樣過下去的時候，一則來自長濱的訊息，打破了日常。

媽媽班教室的其中一位學員聯繫我，說長濱有位李姓業主在找廚師經營餐廳，問我有沒有興趣。很久之前，我就想要一家屬於自己的餐廳，至於餐廳是什麼模樣、用什麼理念經營，隨著我的工作經歷一直在改變。在法國工作期間的所見所聞，逐步形塑出我想要的餐廳輪廓，也想要嘗試更多可能性。我抱著忐忑的心情聯繫上了業主，初步溝通彼此的想法，隨後準備了一份開店企劃書，將我對餐廳的全部想像，從餐廳名稱到食材選擇、料理方式、經營理念等，寫進企劃書中。

座落於長濱的南竹湖部落，與山海為伍，和阿美族為鄰。我想要更進一步學習在地原住民文化及料理，內化成自己的東西，並延續在法國學到的精神，跟在地農人、漁民合作，尊重並配合大自然的饋贈，靈活運用食材，創作出屬於自己的料理。以阿美族語「大地」與二十四節氣結合，法式餐廳 Sinasera 24 因而有了雛型。

提交開店計畫書後，李老闆專門飛到法國馬賽與我會面，在當地待了一個禮拜左右的時間。當他離開後，我花了三個月的時間思考未來的出路。當時法國主廚邀約我一同開店，恰逢工作簽證即將到期，我決定為自己的人生賭一把，看看經過這幾年的磨鍊，自己累積的能力到底如何。結束法國工作的兩個月，我在歐洲各地四處旅遊，品嘗每個國家的特色料理，用心感受並記錄。

時隔兩年半，我回到了臺灣。坐著普悠瑪列車抵達花蓮玉里，前往長濱的半小時車程之中，我看著窗外的山海、蜿蜒的玉長公路，熟悉又陌生。一直到走進部落，面向大海，才有種「我真的回來了」的感覺。

## Sinasera 24成立的最初：打掉重練，一切從零開始

Sinasera 24餐廳位於畫日風尚休閒會館的一樓，原本是兩間客房的空間，有著面海的景觀，我跟老闆商量改建成餐廳，他非常阿莎力地答應了，並且很快就開始動工。

即便我在大大小小的餐廳工作了這麼多年，卻是第一次從零開始規劃餐廳的每一個角落。如何安排空間以符合最佳動線、冷氣怎麼安裝才能讓室內溫度合宜、裝潢的預算管控、LOGO和菜單設計等各種細節和瑣事，都在三個月內完成。除此之外，我找到了一起在長濱打拚的夥伴。在這段期間，我也走訪花東各地的農家、漁民、牧民，虛心向生產者討教，聽他們分享食材最佳的料理方式。

承載著滿滿理想出發，開店初期的我卻是茫然的。做菜的構思、想要呈現的風味似乎都與過往在法國經手過的菜餚脫不了關係，貌似在參考過去的作品並模仿出來。隨著認識的職人愈來愈多，大家互相做深入交流，我對長濱這片土地慢慢有了自己的理解。

我每天到長濱市場採買食材，那些沒見過的野菜、貝類、螺類，都會用在當天的菜單中。我也在空閒之餘，嘗試製作麵包、起司、調味料，將具在地特色的刺蔥、月桃融入法式料理，像是刺蔥起司、月桃布蕾等。在不停的嘗試與探索中，漸漸找到

屬於自己的味道。

不可諱言的，開店的前兩年非常辛苦。

七年前，長濱只是花東臺十一線上的小城鎮，沒有知名的觀光景點。在一個原住民部落中，如何想像有一間要價人均兩三千餐費的法式料理？那時候的網路社群不如現在普及，每天到訪的客人寥寥無幾。為了生存，我特別設計了一客六百元的午間套餐，希望能吸引路過的旅客及在地居民，結果被吐槽「太貴了」，大家根本不買單。

那段時間真的是心灰意冷，不斷懷疑自己是否太理想化，在長濱開設這樣的餐廳真的可行嗎？

老闆的支持與到訪客人的肯定，是支撐我走下去的動力。有的客人會打趣地說：「這樣也不錯啊！兩個人就可以包場了！希望下次來的時候，這家餐廳還在！」

哭笑不得的同時，我默默地在心裡給自己打氣，期許自己一定要熬過去。

餐廳找不到侍酒師，我就自己查閱資料、

Sinasera 24
RESTAURANT
Je me suis étendu sur le cœur de la terre
j'ai entendu les mots du soleil

詢問酒商，向客人介紹各式酒款；營業初期基於預算考量，設備就買家用式的，或者自己動手做；沒有行銷公關，那就自己拍照上傳分享。

很多事情親力親為，讓我有機會看到以前在廚房沒注意到的細節。經過第一年的食材探索，讓我更認識這片土地。但很多時候，還沒來得及將食材端上桌，產季就過了。我會記錄下來，告訴自己第二年千萬不要錯過黃金時期，並在食材最好的時候做成料理，讓客人可以細細品味。

## 成長轉淚點：祥雲龍吟的探尋食材之旅

餐廳成立的第二年，開始慢慢步上正軌。有天店裡來了一位客人，是臺北米其林二星餐廳祥雲龍吟料理長稗田良平。這是第一次有一線主廚品嘗我的料理，又驚又喜的同時，我也很擔心他不喜歡我做的菜怎麼辦？

用餐結束後，稗田主廚主動找我聊聊，說他非常喜歡 Sinasera 24 的經營理念跟料理，詢問我是否有興趣和他一起做場以臺東食材為主的四手餐會，在臺東、臺北各舉行一場。

我當下腦子一片空白，覺得這一切太不可思議了，哪有拒絕的道理呢！

稗田主廚來了臺東好幾次，我們一起走訪香草園、漁港、早市，討論料理合作的可能性。

臺東地勢狹長，多個部落匯聚了多元特色與文化，加上其中三分之一人口是原住民，每天市場裡都會有很多外人看起來奇怪，卻是當地人善用的食材。

稗田主廚本身就對臺灣食材特別有研究，因此對長濱能提供與眾不同的食材特別感興趣，在我們討論醬汁與食材搭配的過程中，他也會引導我開發不同的風味組合，像哥哥一樣與我分享自己的經驗，尤其是日式料理中各種高湯的特色。

一切都發生得太快，也讓我見識到亞洲五十大餐廳團隊的行事效率與專業。為了臺東這場餐會，稗田主廚包了一輛遊覽車，從釜飯鍋到烤臺，幾乎把龍吟家當全都搬來了。整套菜單非常精彩，用臺東種植的椴木香菇製作壽司，酸甜鹹香，並有著生魚片的口感；直火碳烤的鰻魚，香酥可口；還有用蓮花葉作為食器，在外圍倒入黑糖醬，跟甜點融為一體。

許多龍吟的常客特別從臺北前來參與這場活動，媒體的參與曝光加上龍吟團隊的宣傳，讓 Sinasera 24 開始被更多人看到。

餐廳經營前兩年苦於沒有知名度，客流有限。不過，這也讓我有閒暇時間去探索花東的在地食材，與夥伴們不斷研發菜色。第二年年底，訂位客數逐步提升穩定；到了次年三月，新冠肺炎爆發的時候，防疫政策限制了出國的行程，多數人選擇前往偏遠的花東旅遊。

隨著遊客的增加，反饋也變多了。我與負責旅宿的Tina重新審視客人從入住到用餐的整個體驗流程，並逐步調整。Sinasera 24推廣的是「當季」、「在地」、「環境永續」的理念，我們將餐廳所用到的食材如黑糖、苦茶油、長濱米等放在櫃檯販售，讓喜歡的客人買回去當作伴手禮。

而我們希望餐廳理念也能延伸到住房體驗中，洗沐用品特別選擇了「薑心比心」，其原材料使用的薑是由臺東更生人種植的，香味柔和，適合各種膚質使用。

有一陣子，我們提供「小村遠遠」的精油組，來自泰源幽谷，萃取自然農法栽種的香草精華，以天然配方取代加工的成分，提供了鎮靜舒緩的功效。房間內的小零食及飲品，則是隨著Sinasera 24菜單主題或是季節做調整。

我們曾經和金色三麥聯名製作了四季啤酒，分別是春季的野薑花、夏季的紅寶石洛神、秋季的海鹽香檬，以及冬季的烏龍。在不同季節提供對應的啤酒，給入住的客人享用。比較近期的還有允芳茶園烏龍茶，以及太陽農場的烏龍茶等。

有一季菜單以海鮮為主題，我們就提供小魚乾、魷魚絲等零食給住客；推出野味菜單的時候，則提供小包裝的煙燻冷肉。

早餐是住房體驗的重要一環。隨著在花東生活的時間愈長，我發掘的好東西愈多，但無法全部囊括在法式晚餐中，便逐步增設在早餐品項內。除了原本就有的阿貴伯黑糖、南溪部落苦茶油、蔡班長的海鹽，陸續加入了全臺唯一以六十五度最低溫殺菌的吉蒸牧場秀姑巒鮮奶、添加無汙染玫瑰岩鹽，並經過三小時碳烤的郭榮市黑豚火腿，帶有米麴的羅山泥火山豆腐乳、每日現熬的金剛米粥、晨希牧場的友善雞蛋等。此外，我們還製作了掛牆海報及早餐報紙，介紹選用的食材、來源，以及建議的吃法。

Sinasera 24的料理盡可能挑選花東在地食材，許多原住民常用的東西，我會向當地人請教傳統作法，再內化成自己的東西。重新詮釋之後，經常有意想不到的組合。

有天一位客人坐在餐廳靠窗邊的位子，認真品嘗每一口菜餚，並向外場同仁詢問每道菜所用到的食材以及作法。

隔了幾週，他又回來用餐，這次手上帶了三瓶酒，原來是上次來訪過後，用吃到的食材所蒸餾出的琴酒，這實在太有趣了！

聊天過後我才知道，白天他是位工程師，因為個人興趣，晚上變身為琴酒酒吧主理人，週末自己製作琴酒。因為上次吃到很多新穎的風味，他希望把這些味道透過琴酒的方式保留下來。

當下我向他提出，是否能幫我們量產琴酒，使用在Sinasera 24三週年的餐會上，他很熱情地答應了！

就這樣，我們一來一回試了好幾個版本，最後以苦茶油、香檬、土肉桂、刺蔥等三十多種材料定案。它的香氣撲鼻，夾雜著淡淡草香與海風，閉上眼睛，似乎就能品飲到專屬於長濱的山海風貌，而這支琴酒也很榮幸地成為他的「臺灣百味琴酒計畫」的第一支酒。

二〇二〇年十二月，Sinasera 24成立滿三週年。在構思賓客名單的時候，我與Tina討論了好久，希望這不只是一場增加曝光的活動，而是跟我們餐廳理念相符的合作夥伴一同慶祝的特別日子。

基於這樣的想法，我們邀請了這幾年一直支持我們的生產者，當然也少不了認識的新朋友，以及照顧我們的媒體好友們。

生產者們大多不曾吃過fine dining餐廳，為了要穿什麼衣服而傷腦筋，也怕不懂禮儀，造成我們的困擾，因此婉拒。

我耐心地跟他們解釋，這是特別為他們辦的餐會，一方面想讓他們看看自己的食材如何被運用，更希望透過這次款待，感謝他們一直以來對於好食材的堅持與付出。

可以感覺到他們一開始很拘束，後來大家一起聊天、喝酒，慢慢就放開來，盡興的享受。當天活動在原住民朋友的音樂與歌舞中劃下了完美的句點，讓我更加確定舉辦這場活動是非常有意義的事。

## 疫情下的應變之道

疫情剛爆發的時候，除了遊客增加，對花東其實沒有太多的影響。但是，二〇二一年五月，指揮中心宣布全臺進入第三級警戒，為嚴守社區防線而擴大防疫限制，其中一條便是「禁止在營業場所內餐飲，僅得提供外帶或外送服務」，這對全臺餐飲業者無非是重重一擊。對地處偏遠、沒有外帶外送客群的我們來說，更是雪上加霜。

我跟老闆討論，在遊客大幅度減少、甚至沒有的情況下，如何維持日常營運？站在同仁的角度，即便休假，礙於疫情的各種限制，回家可能更不安全。而站在公司立場，沒有收入的情況下，如何保證正常營運與薪資給付，陷入了兩難的抉擇。

思考了兩天，我認為公司對同仁們有一定的責任，既然現實如此，應該要積極面對才是。

倘若周遭沒有消費者，何不將產品送到外縣市呢？

疫情時代，人們無法正常外出用餐、採買受限，冷凍調理包、微波食品將是必然的趨勢。因此我向老闆提出這樣的想法，得到了大力的支持，便設計了幾款燉煮類的產品，簡單加熱即可食用。

我們同步設立了電商平臺，用社群媒體的方式宣傳，也採購了一臺冷凍貨櫃，用於存放食材及備貨。隨著三級警戒時間延長，開發了更多產品，如麵包、甜點、抹醬、烤物、義大利麵等，都獲得了很好的回應。

持續快兩個月的三級警戒，一直到七月底才調降至二級，我們卻不敢鬆懈下來。長濱地處偏遠，醫療資源有限，周邊社區的居民多為長者與小孩，一旦病情蔓延到部落，造成的慘況將難以想像。

我們希望能和鄰里相互扶持，度過難關。恢復營運後的嚴密防疫措施，除了基本工作人員的每日體溫測量及每週快篩、餐廳座位的間距規範、日常清潔與消毒、入住／早餐／退房的分流規劃等，我們也事先致電徵求來賓的同意，在入館前自行快篩、提供已施打疫苗的相關證明或一周內ＰＣＲ核酸檢測之陰性證明。這樣的措施被大多數賓客給予肯定，更能安心的入住及用餐，卻也有不少客人認為快篩有「偽陽性」或「偽陰性」的可能，覺得沒有必要。

在這樣的情況下，同仁只能耐心解釋我們的初衷。若客人還是不願意配合，則是全額退款，並歡迎未來警戒解除後再度光臨。

## 推出主題性菜單，深入認識這片土地

二〇二二年是Sinasera 24最忙碌的時期，也是團隊成長茁壯的階段。

臺灣有不少餐廳每三個月換一次菜單，以四季劃分整個年度的食材。而Sinasera 24自開幕以來，就以當季、在地食材為導向，有些食材只有一個月的產季，就只供應一個月。

強扭的瓜不甜，只有遵循大自然的時間軸，在對的時間吃對的東西，才是最好的風味。

隨著疫情警戒的解除，花東造訪人數持續恢復，我開始思考：有什麼方式能讓來訪的遊客更加認識長濱、甚至臺灣這片土地？不僅是食材的部分，而是更深入的了解相關文化及歷史。

以這樣的想法出發，我們催生出了三套主題菜單，分別是「海鮮季」、「離島特輯」、「野味祭」。

地勢狹長的臺東，沿海孕育著多種海魚。位於成功鎮的成功漁港，距離Sinasera 24約二十分鐘的車程，是整個東海岸最大，也是最重要的漁港。它面向太平洋，是黑潮暖流會經過的海域，全年都有鬼頭刀、旗魚、鰹魚等出沒。而每年的夏季，正是海魚種類最豐富的時節，我希望能以「海洋文化」為主題來設計菜單。

為了讓客人能更深切地感受到「海洋」這個主題，我們從餐廳入口處就堆滿海邊特有的石頭及砂礫，並用三角網、乾燥的龍蝦殼、珊瑚及海星標本、鮑魚殼進行布置。一進到餐廳就能看到的食材桌上鋪滿了鵝卵石，展示這次菜單會用到的食材，如海葡萄、海藻、小魚乾等。菜單則是設計成藏寶地圖，用火燒掉紙張邊角，塞進漂流瓶中，陳列在鵝卵石上。

客人入座後，看到的是藍色海洋紋路的展示盤、漁港用的油燈、漁網，以及螺貝殼裝飾的餐桌。外場還特別用葉子編織成小魚的形狀，纏繞在口布上。

我們準備了一封信給客人，請他們在用餐前閱讀，簡單敘述這次主題的緣起：

「我非常喜歡大海。

以前在法國馬賽三星餐廳 Le Petit Nice Passedat 工作，餐廳緊鄰港口，每天都可以看到從漁船直送廚房的各式海鮮。回到長濱，這裡緊鄰太平洋，每天到漁港採買或是由在地漁民供應，就如馬賽一般。Sinasera 24 邁入第五年，我希望能以『海洋文化』為主題，透過料理認識與體驗，特別準備了這兩個月的海鮮季菜單。

我們將從採集開始，以最不傷害大自然的方式，也是在地阿美族最引以為傲的文化，帶著旅人到海邊，蒐集大海賜予的各式螺貝蝦蟹類。回頭眺望綿延無盡的東海岸，是黑潮帶來的洄游性海魚。追逐著飛魚跳躍的鬼頭刀是東海岸一大特色，也時刻提醒著永續海洋議題的重要性。養殖業或許是食材永續性的一個選擇，食材本身的好壞並不受限於此。背山面海的長濱也讓我有更多機會探索山裡頭由山脈泉水孕育的物種，並使我靜下心來，探索南島文化的脈絡發展，向部落族人取經，學習傳統烹飪原料與技巧。回想到南法的生活與長濱如此相似，卻又如此不同。如何結合海洋、土地與文化，創作出全新菜餚，是這趟旅程我們希望帶給您的體驗。

歡迎來到 Sinasera 24。

主廚　楊柏偉」

創新
傳統
淡水養殖
食物鏈
黑潮
採集
南島文化

主廚帶路

從開胃小點到最後的甜點、茶點，全部都是用海洋相關的食材製作。我們從不同的概念出發，延伸出專屬的一道料理。

以海鮮季菜單上的「採集」來說，是參考阿美族傳承的古老文化。

「採集」的阿美族語是「maomah」，包含經營、耕耘的意思，意指在不破壞自然生長環境的情況下，適度地整理採集區域。「採集」亦須依循生物的生長週期，不過度擷取，以維持生物的生生不息。我們請原住民在潮間帶幫忙搜尋合適的海鮮，如浪花蟹、月光螺、有火山爆發之稱的藤壺、海膽等，再以冷食拼盤的方式組裝呈現，作為開胃前菜。

值得一提的還有「食物鏈」，以Sinasera 24招牌菜做調整。原本的作法是將東部特有的鬼頭刀先熟成四十八小時，讓魚肉些微脫水以濃縮風味，再切成薄片，擺成花的樣子。魚肉下方則是搭配清爽的大黃瓜和過山香做成的凝膠，一旁是用煙燻飛魚薰製的鮮奶油，最後刨上風乾鰹魚，增添鹹香風味。因應海洋季，我們將原本草綠色的凝膠替換成更接近海洋顏色的藍紫色，以海水做基底，加入蝶豆花和海埔姜，讓凝膠呈現鹹甜風味的同時，帶有海埔姜獨特的香氣。

以「食物鏈」出發，主要是考慮到鬼頭刀和飛魚這兩個魚種。大家所知道的飛魚會躍出海水，在海平面上飛行著子，是因為作為獵食者的鬼頭刀正在海底追捕牠們，用海藍色的凝凍，是為了呈現兩種魚在海中追尋的場景。

甜點的部分則是用「創新」為概念，以河苔做成冰淇淋，帶有像抹茶的風味，再淋上橄欖油，以海葡萄提味。

在主甜點方面，我們推出了兩款，其中一款是用鮑魚肝做成的蜂蜜蛋糕，帶有苦香的鹹甜滋味，配上野薑花冰淇淋，還有乾燥的魚肉脆片。另一款則是用煙燻鰹魚做成冰淇淋，用柑橘糖衣包裹魚鬆點綴在上方，底層鋪上黑糖米香，在客人面前淋上醬油焦糖醬，是我個人非常喜愛的一道甜點。

最後的茶點有三款，烏魚子巧克力棒棒糖、魚鱗水母甜湯，以及昆布脆片。魚鱗經過長時間熬煮再靜置，會有像果凍狀的口感，加入東河夏季特有的小水母，類似蒟蒻的口感。整套餐點雖然沒有肉類輔助，卻受到許多客人肯定，是很難得的用餐體驗！

海鮮季菜單安排在東部最適合玩水的七、八月，緊接著的九月與十月，我們安排了離島特輯，也就是集結臺灣外島澎湖、金門、馬祖、小琉球、蘭嶼的特色於菜單中，將金門牛肉、馬祖鯧仔魚、蘭嶼飛魚等囊括其中。

十一、十二月提供了臺灣非常罕見的野味菜單，也是我一直想要嘗試的內容。在我的記憶中，爸爸是個野外學家，小時候在餐桌上常常能看到虎頭蜂蜂蛹、斑鳩、鱉、青蛙、鱔魚等料理，都是他在野外自己抓回來的。我在法國工作的時期經常會品嘗到兔子、鴿子、鹿肉等料理，而長濱在地的原住民跟法國人很像，每到冬季會有打獵的行程，這其實都是源自於老一輩傳承下來的文化。

依山傍海的長濱造就了獨特的料理時節，炎熱的夏季適合玩水、捕魚，只要沒有颱風攪局，漁民幾乎天天出海，時常滿載而歸。隨著天氣轉涼，風浪變大，即便漁獲到了最肥美的季節，能出海的日子卻不多，這時候阿美族人就會轉往山裡走。山羌、山豬、飛鼠、溪蝦，還有各式野菜等，都是入冬後的美味。

他們入山前都會先向山神祈福，有幾次我與他們同行時被特別告誡，不能向山神祈求打到獵物，只能請求保佑我們平安，這是老人家留下來的規矩，必須遵守。即便到了今日，族人還是保留夏天捕魚、冬季打獵的傳統，也是我們年底籌備野味祭的靈感來源。

野味祭的規劃，一樣是在餐廳門口陳列。這次是用山豬頭骨、獵刀、樹枝、落葉裝飾，菜單部分則是用拼圖的方式，畫出所用到的動物腳印，讓用餐客人猜猜看當天會吃到的東西。

這次菜單，我們將原住民傳統烹調野味的方式，結合更多法式的元素。以蜂蛹為例，一般會結合炒蛋，保有蜂蛹多汁軟嫩的口感。擔心客人有心理障礙不敢入口，我們特別挑選了蜂蛹與成蟲中間的階段，已經有虎頭蜂的雛形，外殼尚未完全硬化，不會有爆漿口感，酥炸後帶有黃豆的香氣。將這樣的蜂蛹結合格呂耶爾起司，做成能直接入口的小塔，最後撒上些許的黑胡椒粉，提升香氣。

緊接著的冷盤，則是參考歐式冷肉拼盤，用山豬、兔肉等肉類熟成、切片，再搭配血腸，還有用金棗及洛神做成的酸甜脆餅。我們還準備了醃漬的秋葵、山苦瓜及蕗蕎，代替法式的醃黃瓜和小洋蔥。

每一道菜，外場都會悉心跟賓客介紹由來與作法，讓客人能進一步了解原住民的文化與傳統。

## 為長濱種下餐飲幼苗

在我回到長濱之後幾年，與之前的學校主任聊天得知，礙於找不到合適的師資，技藝教育已經停擺了兩、三年，教育處也取消了原本的課程補助。聽到這樣的消息，覺得實在很可惜。Sinasera 24 作為在地企業，肩負有社會責任，於是我向老闆提出了內心的想法。老闆本身就有做公益的習慣，聽完後鼓勵我們盡快行動。

於是我聯繫了幾位業內好友，希望能透過合作餐會，將利潤全數捐贈給學校作為教育經費。

原本是在二〇二一年就要進行的計畫，因為疫情，延後到二〇二二下半年。

我們邀請到阿鑫小料理、logy、晶華軒、酉志燒鳥、MUME和明壽司，一起共襄盛舉。

除了原訂的餐會，主廚們還抽空到學校一趟，與學生們分享當廚師的心路歷程，做簡單的料理教學，讓他們可以實際品嘗看看。

主廚們真的非常有心，像logy自行吸收成本，盡可能地幫助學校；明壽司則是準備了日式陶鍋贈與學校老師。為了避免活動失焦，我們並沒有邀請媒體參與，而是由主廚們透過社群分享讓更多人知道。因為他們的協助，我們接收到一些客人私訊，表示希望盡一分力，匯款請我們轉交給學校。

兩個月的時間，除了常態菜單，我們還穿插了六場餐會，每一場都無比成功，也感受到參與客人滿滿的支持與對料理的喜愛。

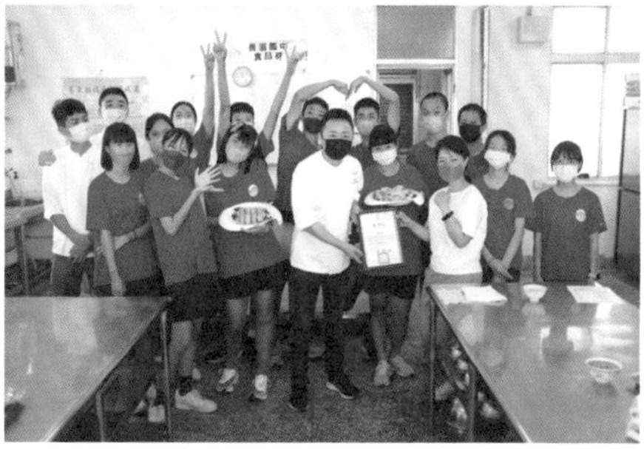

原本有點擔心，法式料理要如何與小料理、帶有亞洲元素的義法料理、粵菜、燒鳥、歐式料理及壽司相結合，不相互搶戲，結果主廚們個個別出心裁，呈現的菜單非常精彩。

Sinasera 24的外場同仁也十分用心，因應不同餐廳特色做準備，比如說與晶華軒合作的餐會那天，菜單是自己製作的小捲軸；與西志合作時，外場將餐廳布置成燒鳥店輕鬆歡樂的樣子，全體換上黑色素T與牛仔褲、綁上頭巾。我們家侍酒師還換上了日式和服，大家玩得不亦樂乎。

六場餐會，我們募得了一百多萬，足以讓課程維持運作幾年。然而，師資也是必須考慮的重點，我與同仁商量，大家輪流到學校幫同學上課。

Sinasera 24的麵包師就是固定的老師之一，除了基本的麵包發酵與製作，他還會帶著學生做烘焙相關的點心。我也邀請業界朋友來長濱玩的時候，特別安排一個時段，到學校分享專業領域的內容，孩子們都非常有興趣。

從募資到課程啟動，已經有兩年左右的時間。不單是孩子們，擔任講師的同仁們都獲益良多。

花東的青壯年大多都到外縣市工作，追求更好的生活。透過簡單的課程，能讓孩子們有機會進一步認識自己生活的家鄉。倘若對這片土地有了認同感，是否就能讓他們畢業後選擇留下來發展？藉由這樣的機緣，在孩子心中種下一顆餐飲的種子，啟發他們的興趣，未來是否能有不一樣的出路？

許多地方提倡食農教育、海洋教育，難道不應該從孩童開始著手嗎？如果每家餐廳都能為在地人盡一分力，臺灣是否就不會有那麼大的城鄉差距，讓每個地方都能擁有自己獨特的文化與魅力？我很願意在自己能力所及的範圍內試試看。

## 與新住民共創家的滋味：Luma Café

長濱有許多無菜單料理的餐廳，像是日式酒食、海鮮快炒，也有不少是家庭料理，這些餐廳跟 Sinasera 24 一樣，都需要事先預訂。

我們老闆在長濱街上有一塊地，有次在討論中，我們聊到長濱沒有全天候供餐又不需要提前預約的地方，是否能從 Sinasera 24 的經營理念中，延伸出一個更親民、更悠閒的品牌？Sinasera 24 訴求在地食材與料理的結合，我希望這個副品牌能更著墨於在地的人與文化。

長濱除了深耕於此的原住民，還有不少移居到臺東的漢人，另一大族群則是越南的新住民姊妹們，長濱街上有不少店家都能看到他們的身影，而 Sinasera 24 也有幾名同仁來自越南。

十九世紀的越南曾被法國統治近半個世紀，不少飲食習慣流傳至今。越南的濕悶天

氣與臺東不相上下，沿海地區的海鮮非常美味，特別適合將這樣的料理風格帶進長濱。

大部分的越南餐廳都結合臺灣小吃，除了常見的河粉、炸春捲，還會供應滷肉飯等很臺式的品項。若能沿用法式料理的概念，結合這塊土地孕育的食材，是否能打造一個能讓越南姊妹們有連結性的地方？一頓法式料理的晚餐價格不菲，要把在地食材的概念普及化是有難度的，但一餐落在兩三百塊的簡餐，門檻會比較低。

為了印證自己的想法，也期望能認識真正的越南料理，我與幾位夥伴特別安排了為期一週的旅程，飛往河內與胡志明。我們把行程安排得滿滿，不是在吃就是在去吃的路上，走訪了各式咖啡廳、夜市、小吃店、路邊攤，以及比較正式的 fine dining 和餐酒館，奠定了我心中越南菜的基礎。

我覺得跟臺灣越南餐廳最大的差異就是食材。越南本地的食材品質非常好，尤其是牛肉、鰻魚跟各式香草。雖然說區域環境能提供的物產有差異，臺灣的越南料理因為低價販售，能選擇的食材相對有限，以至於整體用餐體驗不是那麼理想，而我相信這是個非常有潛力的市場，對於副品牌的創立更有信心。

在思考新品牌名稱時，我希望能跟 Sinasera 24 有一定的連結性，與越南新住民串聯，提供一個輕鬆、舒適，像家一樣可以待上一整天的環境。

阿美族語中的「loma'」意指家，「luma」帶有拉丁語的字根，在英文中表示光亮的意思。取名 Luma Café，期望這裡能成為旅人在長濱的家，更希望在地居民能像到鄰居家串門子，在店內相聚聊天，以越法美食點亮長濱。

經過這趟旅程，我更相信好食材能夠帶給料理新的生命，菜色不需要變化多端，也可以讓品嘗的人感受到溫暖與美好。在食譜設計上，我參考了越南考察時品嘗到的味道，結合長濱在地的界橋白蝦、成功漁港新鮮漁獲、玉里蓮貞豚、刺蔥等食材重新詮釋，並在調飲中加入長濱香檬、手工柴燒黑糖等在地滋味。

二〇二三年五月十九號，長濱 Luma Café 正式開幕，並於二〇二四年七月進駐蘭陽平原，在宜蘭市民族路與復興路交叉口成立了兩層樓的小店面，提供在地居民複合式咖啡廳的餐飲體驗。

## 展望未來，走向國際

新冠疫情的衝擊，讓臺灣封鎖邊境超過兩年半的時間。解封之後，Sinasera 24 接待了好幾組特別從國外前來的貴賓。聊天之下得知，他們在疫情前就想造訪長濱，礙於無法入境，一開放即迫不及待地安排了三天兩夜的行程。

我們一直致力於花東發展，用在地食材訴說這片土地的故事，Sinasera 24 能成為外國人遠到尋「味」的目的地，看到東半邊的臺灣，令我非常感動。

Sinasera 24 將食材作為媒介，達到與職人合作以成就不同的農業價值，希望發揚

Sinasera 24
Chef's
Recommendation

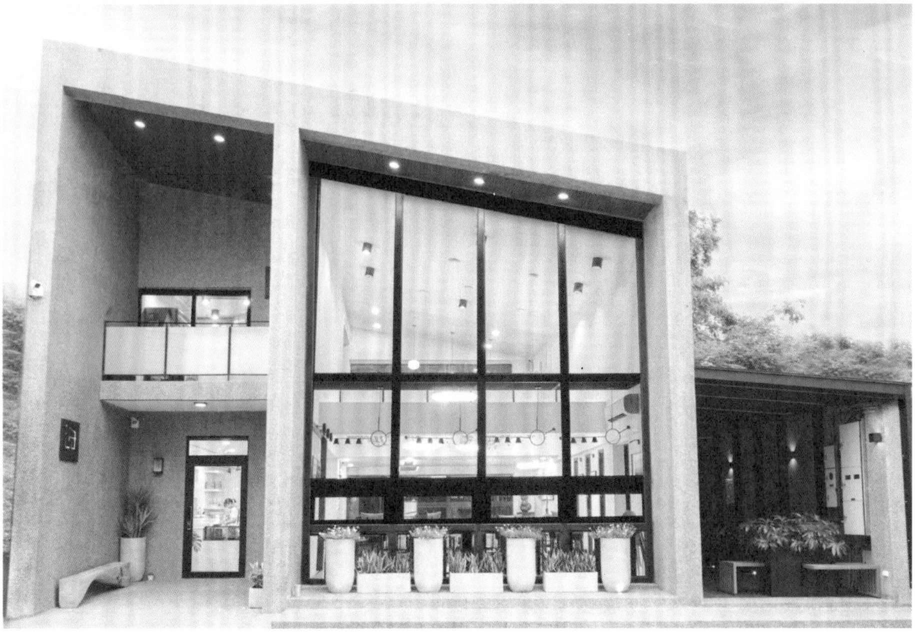

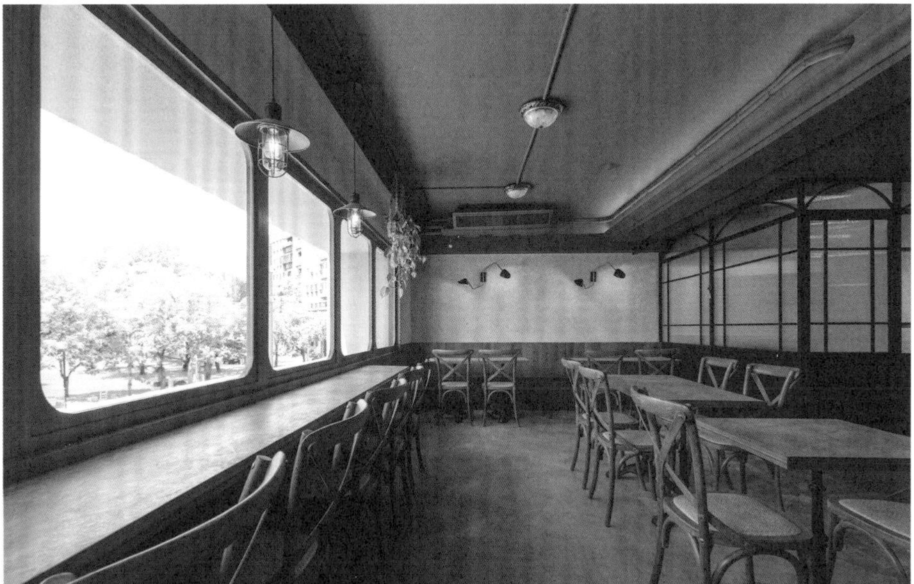

職人精神，促使在地發展與繁榮，是我們一直努力的方向。二〇二四年，我們展開更多與國外的交流，和志同道合的餐廳一同找尋更多開拓在地性的方式。

今年一月，我們到新加坡與IRU DEN跨國合作，將臺灣的食材帶過去，用日法料理結合來呈現菜色。這次合作過後，IRU DEN主廚愈發喜歡台灣食材，不但進口到新加坡，還計畫在臺灣成立餐廳。除此之外，我們與日本富山縣的L'evo、新潟縣的里山十帖、越南河內的Gia，還有我曾工作過的法國普羅旺斯La Bonne Etape都規劃了未來合作的餐會。

我很清楚自己不是一個特別聰明或是非常有經驗的主廚，但我非常清楚自己想要什麼，想要創作的料理風格。我希望Sinasera 24不單單是一家位於東海岸、有著漂亮海景的餐廳，而是一個餐飲平臺，透過這個平臺，讓更多人看見長濱，看見花東，看見臺灣。

Sinasera 24從草創到現在，這一路走來酸甜苦辣，我很感謝曾經加入團隊的每一分子，願意跟我一起秉持著信念，一起前進。

我相信土地代表食材、環境影響風味、文化創造差異，這也是我料理的核心。如果這本書的內容能讓讀者更重視這片土地，更願意花時間了解，我覺得非常棒！但請不要一味追尋長濱食材，請找出屬於自己的長濱。或許在臺灣的某個角落，你能找到屬於自己的長濱風味，用自己的影響力去感染周邊的每個人，讓這個環境與土地愈來愈好。

畫日風尚

# CHAPTER 01

# 一步一步往上爬的 蝸牛哲學

春末夏初，灰濛濛的天，綿綿細雨灑在田中央的工寮屋簷上。蝸牛先生翹著二郎腿，跟狗子戲耍，看起來好不愜意。看見遠方的我，他揮手示意著。

蝸牛先生姓文名宏程，平常大家稱他為文大哥，正港八桑安部落人，北漂近二十年，一直到二〇一八年才返回家鄉從事農務工作。

## 是瓶頸還是機遇？從不動產轉戰養殖場

文大哥年輕時到北部打拚，從不動產業務入門，靠著不斷學習、不怕吃苦的毅力，一路在職場上過關斬將。高峰時期他帶領四十個業務，月業績達到六百萬，也成功創立了自己的公司。

然而，成為人生勝利組的輝煌，因時局而搖搖欲墜。文大哥回憶，「某個月業績為零，整個嚇到，而這樣的崩盤持續了兩個月。」當時國內景氣不好，只能向外走出去，好多公司轉往海外發展。文大哥選擇的柬埔寨，初期的業績貌似回歸正軌，然而好景不長，盈利狀態在第三年宣告結束。不動產業一蹶不振，他開立的兩家公司及一家海外企業全部賠下去。「公司沒了可以重新開始，可是一個男人不能沒有自己的事業」，文大哥這樣告訴妻子，當下決定回歸家鄉。

雖說要重返故土，對未來卻是充滿迷茫。老邁的父母親本身就是種植稻米的，文大哥便協助家裡處理米的包裝設計，也聯繫上之前不動產的老客戶，嘗試提升米的銷量。

「但是米的食味值差，很難有回頭客。」他說，加上稻米是父母親的收益，文大哥還是希望可以有屬於自己的歸屬。

因緣際會下，文大哥接觸到蝸牛養殖。部落本來就有吃蝸牛的飲食習慣，大雨過後的田間小路上，可以看見一顆顆黑蝸牛探出腦袋，四處探險。部落的人會沿路採集，帶回自家後院圈養。由於蝸牛是雜食性動物，需要餵食乾淨的菜葉子以清理野生蝸牛的腸胃，兩三天後便可下鍋，搭配蔥薑蒜用爆炒的方式料理，是部落聚會不可或缺的下酒好菜。雖然野生蝸牛即可食用，但其風味濃郁、有嚼勁的口感卻不見得是一般大眾可以接受的，也因此有了「白玉蝸牛」這個品種產生。

白玉蝸牛是非洲黑蝸牛的白子化繁衍出來的品種，從名字可想而知，這種蝸牛白皙透亮，相對地，風味更加輕盈、口感軟嫩。這種蝸牛吃起來有淡淡青草香，也因為攝取食物的不同，有些許風味差異。蝸牛富含高蛋白、低脂肪、低熱量，經濟產值大，入行門檻不高；在不動產業奔走十七個年頭，練就了一身本事的文大哥認為，像蝸牛一樣慢慢來，只要努力就能做到前三名，毅然決然地投入學習的行列。

起初他參與政府推動的產學合作訓練，後來也向同行討教要領，用自家後院的閒置田園做試驗。期間碰到圍網方式錯誤，讓蝸牛跑光光的窘境；遇到農業詐騙，花二十萬買的種螺都是侏儒而無法繼續培育；因為價格不漂亮，收購商不願意配合的各種困難。但是文大哥都沒有放棄，因為他想走自己的路。

經過跌跌撞撞的摸索，文大哥發現，原本拿來實驗的田園是砂礫土，但蝸牛是需要鑽洞的生物，所以這塊田不管怎麼試都不會成功。他將養殖區轉移到另一塊田地，經過研究和實作，慢慢找到蝸牛的生態模式與規律。隨著對蝸牛的了解加深，他更確信養殖蝸牛有一定的市場，需要依大小、品質做好分級制度等規劃。

## 蝸牛的四季

想要蝸牛長得好，必須先為牠們提供一個舒適的居住環境。文大哥在田地種植地瓜，茂盛的地瓜葉成為蝸牛們的陽傘及避風港，鬆軟的土壤則是牠們棲息的居所。蝸牛的理想活動週期在

二十～三十度C，若超過三十度C的高溫，牠們就會尋找陰暗洞穴或自行開挖避暑。冬季來臨的時候，則會進入兩個半月的冬眠模式禦寒。

東北季風一般在十月份到來，長濱這幾年則是從十一月中左右才開始。文大哥會將秋季收集的米糠當作棉被，覆蓋在地瓜田上。蝸牛的生長週期因溫差大小而有所不同，溫差大的地區生長相較緩慢。長濱屬於溫差小的地域，每年二月左右，蝸牛會從舒適的米糠被窩裡鑽出覓食，不久之後，就會進行交配、產卵。經過一至兩週的時間，只有百分之五的蝸牛卵會成功孵化，冒出米粒般大小的幼蝸。

幼蝸需要兩個月的時間才會成年，期間的照料自然不能馬虎。文大哥經過多番嘗試，最後選擇高蛋白、高熱量、高碳酸鈣的飲食飼養，以有機耕作米糠作為主食之一，混入黃豆粉、可可粉，以及對腸道有益的青木瓜。

之前文大哥也嘗試過鳳梨、香蕉、胡瓜等，不過有些食材是蝸牛本身不喜歡，或是食材自身甜度太高，引來螞蟻等不必要的蚊蟲，最後才以現有的配方進行餵養。成年後的蝸牛會歷經一百三十五個日夜，才成為最後收成的大小，約在每年十月份。

隨著文大哥對白玉蝸牛的知識增加，餵養心得愈豐富，養殖園也持續擴大。從原本一塊實驗的田園，到現在擴建成十二塊約四十五坪（25×6米）的地塊。文大哥依照蝸牛的不同生長階段，將牠們劃分在不同區域，嚴格控管每個區域的密度。

剛孵化的小蝸牛體型小，一塊田的資源可以養育四十萬隻的數量。隨著蝸牛體型變大，對應的生活空間也需要增加，分散到不同田地飼養，到最後的商品成年螺，大約有八千隻左右。

## 從零到有地學習

文大哥是個稱職的養殖達人，非常清楚好產品只是踏出去的第一步，後續包括包裝、行銷、口碑建立等，每一樣都得到位，後續處理細節不能少。

蝸牛屬於有季節性的商品，收成後經過冷凍保存，才能全年不間斷供貨，在保存上自然不能馬虎。文大哥強調用於降溫的超低溫冷凍機是經過特別挑選，食材從零度C到零下五度C只需要短短兩個小時，比一般家庭式冰箱快了至少四倍。除此之外，這個冷凍機可以降至零下五十度C，為的是克服冰晶生成帶，以確保蝸牛肉質的水分不會流失。文大哥會依據每批次量體的大小控制冷凍的時長，至少保存四十八小時才會轉移至冷凍庫。

蝸牛在法式料理中占有一席之地。除了法國，瑞典、美國、加拿大等地對於蝸牛的需求量也逐年提升。文大哥希望透過跟法式餐廳的合作推廣，讓更多人認識蝸牛的營養價值，從而提升市場需求，而距離他最接近的法式餐廳，就是Sinasera 24。

Sinasera 24剛開業沒多久，我們常常會到八桑安部落收取山泉水，也是基於這樣的契機，文大哥向當時的副主廚毛遂自薦，我們也進一步認識。開始交流後，我向文大哥提議，蝸牛本身自帶黏液不易處理，若未來要與餐廳合作，可用舒肥的方式做初步料理，再用真空冷凍的包裝販售，文大哥欣然接受。

後來透過如《一步一腳印》等節目製作的Sinasera 24報導、訪談，拍攝就近的產地，更多人知道長濱有這樣的蝸牛養殖場，文大哥也陸續有了更多的合作對象。

我發現，一心追求成功的人，總會不斷找尋新的可能。

二〇二〇年新冠疫情肆虐，餐廳客人急遽減少，對蝸牛農場的生意自然造成不小的衝擊。文大哥參考各家餐廳推出的冷凍宅配包，開發出蝸牛冷凍即食包，解凍加熱即可食用。而後，隨著疫情趨於穩定，民眾逐漸回歸正常生活，他也在蝸牛園區進行導覽、試吃的活動，並橫跨領域，學習如何提取蝸牛的精華黏液製作面膜販售。

## 蝸牛入菜，煎煮烤樣樣行

我對蝸牛最早期的記憶，是小時候跟著父母到快炒店吃的炒螺肉。蝸牛也是法國菜的精髓之一，卻不是每位客人都能接受的食材。

經營Sinasera 24這幾年，遇過一些比較抗拒蝸牛入菜的客人，他們反應在新聞上看到關於野生蝸牛病蟲害的問題，擔心烹煮過程不足以消滅病菌。然而，這些問題我相信需要從根源去了解才能解決。文大哥的田間管理非常好，從田園的維護、蝸牛飼養到收成處理的環節，都非常用心。

有些客人對蝸牛的口感及樣貌心生畏懼。其實蝸牛跟螺肉、鮑魚的口感類似，有著「陸地上的鮑魚」的美稱。文大哥會用檸檬等天然元素，事先處理大部分的蝸牛黏液，但絲滑的口感並不能完全被規避，所以在設計菜單的時候，我會思考如何將蝸牛的原型隱藏起來，用食材組合或料理方式，讓黏液的口感不那麼突出。

蝸牛肉可食用外，蝸牛卵其實是更有價值的食材。在國外有所謂的「蝸牛子醬」，比魚子醬大一倍的雪白微透明的卵，食用方式跟魚子醬一樣，因為產量稀少，比魚子醬來得更加珍貴。

我們曾經試過收集蝸牛剛產下的初生卵，自行醃漬試味，風味跟魚子醬確實接近，鮮鹹中帶有些許甜味。不過，可以明顯感覺到有層膜狀的蝸牛殼。雖然不影響食用，卻讓實驗性質的試味告一段落，而把期待寄託在文大哥身上了。

之前我曾嘗試過蝸牛燉飯。燉飯一般會加入奶油、起司等，煮至呈稍微黏稠的口感。我們另外加入海膽拌煮，增添些許海味、鮮味與甜度，再混入切成小塊狀的蝸牛，以帶有哇沙比風味的水田芥提味，並用荷花葉片裝盤，擺放蝸牛殼點綴，看似蝸牛在綠葉上行走的樣子。

比較近期的一道料理，是將蝸牛用碳烤方式處理，讓它表面趨於乾燥，並有一定的脆度。搭配乾煎綠竹筍清甜的風味與牛肝菌菇奶醬、微苦的野菜青醬，在不同口感的相互襯托下，散發獨特氣味，是很適合嘗試的風土料理。

# 碳烤蝸牛佐牛肝菌奶油醬

清脆竹筍與外焦內嫩的蝸牛組合，菌菇與奶油香氣的風味堆疊，中西結合的美味蝸牛料理。

**準備材料**

- 老母雞高湯　二百CC
- 乾燥牛肝菌菇　十克
- 水　一百CC
- 鮮奶油　二十克
- 奶油　五克
- 澄清奶油　十克
- 竹筍　一個

- 長濱白玉蝸牛　三顆
- 鹽　適量
- 牛脂肪油　十克
- 香雪球　少許

## 製作步驟

1. 乾燥牛肝菌用水浸泡一晚，備用。
2. 將泡軟的牛肝菌取出，瀝水後放入老母雞湯內一同熬煮，待香味釋出後即可加入鮮奶油及奶油。
3. 竹筍蒸三十分鐘後去殼、切片後，用澄清奶油小火慢煎五分鐘，裝盤鋪底。
4. 白玉蝸牛表面塗抹上牛油跟適量鹽後，用備長碳生火烤至表面上色後即可裝盤，置於竹筍上。
5. 最後淋上牛肝菌奶油醬，並以香雪球做裝飾。

## 小叮嚀

- 蝸牛可用燒烤竹籤串起碳烤，上色比較均勻，不易焦黑。
- 可根據個人喜好，挑選喜愛的食用花草取代香雪球。

## 行走的蝸牛小百科

AWOS，是阿美族語「蝸牛」的意思，也是文大哥經營的蝸牛農場名稱。顧名思義，希望藉此推廣阿美族文化，讓更多人見到長濱這片富饒的土地，有機會品嘗到在好山好水生長的蝸牛。

這六年來，文大哥經過努力不懈地鑽研與試驗，已經從原本跌跌撞撞的初學者，晉級成為臺灣數一數二規模的蝸牛養殖場。他也不吝於分享，歡迎有緣人來學習，並以此發展成為自己的事業。

為了與更多國內外的同業者交流，文大哥不惜斥資數十萬臺幣，引入奧丁丁食品溯源系統，整合大數據，包含田間土壤酸鹼值、全年養殖週期、氣候條件、雨水量、導電度等。即便價格不菲，文大哥相信這樣的投資是必須的，消費者可以選擇看到田野的影像傳輸，只要掃描包裝上的 QR Code 就可以做到。

在現今健康意識抬頭的年代，很多人希望了解食材背後的故事與實況。除此之外，有了奧丁丁系統才可以有全面的資訊分析，申請有機認證，這對外銷商品都是必要條件。

經營 AWOS 蝸牛農場，文大哥的每一步都不容易。偏鄉的資源相對有限，每逢蝸牛收成季節，都會看到文大哥的親友們前來幫忙，有些人協助採集，有些人負責清洗，有些專攻處理脫殼等。

文大哥坦言：「媽媽、阿姨都上年紀了，愈來愈做不動了。」但這些體力活卻沒有年輕人願意接手。在招募過程中，很難找到全能型的人才，能夠像他一樣兼顧農務、行銷、品管等。

缺工已然是各行各業面臨的困境，在申請「有機」這條道路上也是崎嶇不平。申請這些認證需要提供的資料有些是商業機密，但是不提供認證就不會過，無疑是進退兩難的選擇題。

或許是遇到重重不可突破的難關，讓文大哥近期萌生了轉行的念頭，「蝸牛還是可以當興趣養啦！」他笑道：「只是要務實一點，找尋新的可能。」

在臺灣，有多少人像文大哥那麼了解蝸牛養殖，且願意付諸心血投入？面對現實帶來的無力與窒息感，我想各行各業都有不可言喻的甘苦。

CHAPTER 02

# 維護生態多樣性的
# 臨海香草園

主廚
帶路

在Sinasera 24合作的眾多生產者中，珮芳姊跟我的淵源最深。早在替代役時期，我們就認識。她主動到學校找我，詢問是否能幫社區開課；後來她聽聞畫日風尚業主想要找主廚開店時，特別到會館拜訪想要落腳部落的老闆。由於她積極介紹長濱在地農友，也讓我有機會深入認識當地的人事物。

## 移居長濱，在海岸部落找尋生態方程式

來自臺北的珮芳姊是森林系畢業，與先生李登庸大哥曾一起在屏東當教授助理，進行野生動物調查的工作。登庸哥是理工科出身，做過資訊科技業的工程師，卻對生態環境情有獨鍾。

珮芳姊的同學之前在長濱教書，因緣際會下拜訪，讓他們愛上長濱這個地方，毅然決然地舉家搬遷，定居在永福部落。

夫妻倆一直很希望找塊土地，以有機的方向栽種農作物。移居永福後，他們向部落居民承租土地，並以阿美族語的地名Mornos命名，意思是「初生的草與牙齒」，祖先們發現這塊滿是嫩草的樹林地區而得名，也就是現在大家所知道的「慕樂諾斯自然農場」。

珮芳姊回憶，起初來到部落時，大家都還不認識「有機」或「自然農法」的概

念，把農藥、化肥、除草劑撒得又多又猛，用來驅蟲、除草。那時候農田以慣行農法耕作，田野間沒有蟲鳴鳥叫聲，沒有鳥語花香，只有不遠處傳來海浪拍打的聲音。雖說慣行農法帶來的效益顯著，但病蟲害會因為不斷使用農藥而產生抗藥性；化學肥料會使土地快速酸化、變硬，以至於愈來愈貧瘠，無法讓作物健康生長。常用的除草劑對蚯蚓生態、微生物生長、生態環境及人體健康，更是造成不容輕視的傷害；長期來看，是一種惡性循環。

反觀自然農法是依循大自然的法則，了解作物、昆蟲、土壤、細菌之間相生相剋的原理來維持生態平衡，並用天然介質來防蟲制菌。舉例來說，有益土壤的微生物負責營造適合植物生長所需的養分，健康土壤吸引蚯蚓前來，達到翻動土壤並施肥的功用，而肥沃的土壤能幫助植物生根茁壯，開枝散葉。

從事生態調查的的夫妻倆希望能在這邊建立一種與大自然共存的永續生活方式，很快就得到了學校老師的支持。

「一開始沒有人要做自然農法，除了蟲很多、菜很小之外，大家覺得田間長草很丟臉，別人會覺得你是懶惰鬼，沒有好好除草。」珮芳姊從自身做起，並說服認識的人一起執行。

「如果整個部落一起種，就不丟臉了。」隨著水保局等單位的推廣，部落裡有愈來愈多人加入自然農法的行列。

慕樂諾斯自然農場初期種植蔬菜類、稻米及黃豆，但產量和訂戶都不穩定，產銷困難。為了將產品銷售到外縣市，他們也考慮過用蔬菜箱的方式宅配。然而長濱地處偏遠，除了無法即時取貨，配送過程中保存不易，加上比收入還高的運費，都無法讓這樣的營運模式維持下去。綜合各方面的考量，珮芳姊想到了香草。

「我對香草很有興趣，產銷壓力也比較沒那麼急迫。」香草不用像照顧蔬果一樣，每天採收、銷售，在人力匱乏的長濱，完全可以靠自己。

長濱丘陵多、平原少，許久沒有持續降大雨，土地缺水，在海風吹拂的環境下，反而是有利於香草生長的環境。

他們在不停試錯中，終於找到了屬於這片土地的契機。

## 建立食材交流的平臺

在我的心中，珮芳姊是一位不怕麻煩、樂於助人，也不吝與他人分享好東西的人。

珮芳姊來到長濱已十多個年頭，即便交通不便、資源有限，卻絲毫不減她對長濱的喜愛。尤其是每當我們談論到在地物產時，她總是會分享哪家的東西好吃、哪家做了非常特別的器皿等。她還特別在LINE上成立了以食材為導向的社群，讓在地人能夠相互交流、分享食材與栽種心得。

會跟珮芳姊深交，是因為她的真心，還有那份打從心底覺得長濱的物產很特別、在地食材最好吃，想讓更多人知道的熱情。

替代役時期，我來到長濱後，開始在國中授課。

「知道學校來了一位真的廚師，我一心想要把長濱食材介紹給他。」珮芳姊回憶道：「長濱食材那麼好，外面的人不知道，真的好可惜！我們跟廚師這塊領域完全沒有交集，Nick的到來，讓我們可以交流更多。」

部落媽媽們很會做菜，不少人想要精進廚藝，卻苦於交通不便，要前往花蓮或臺東市區上課很辛苦。

一天，珮芳姊騎著摩托車來學校，簡單自我介紹了一下，就問我能不能幫他們上課。

「實在很唐突，」她笑道：「但是問一問又沒關係。」

後來徵求校長同意後，珮芳姊提交了計畫書給學校，也順利地通過了。

一開始我在跟珮芳姊討論課程的時候，她整理了一份長濱食材清單，包含白米、黑糖、牛奶、飛魚乾、海鹽等，希望能將這些在地就能取得的食材融入料理。

我們討論後決定不收取學費，而是大家分攤食材費，由珮芳姊擔任班長，控管經費，負責採買。

媽媽班教室沒有任何侷限，只要是大家想學的，在現場設備允許的情況下，我都會想辦法安排。從凱撒沙拉到低溫熟成、臺南鱔魚意麵，都一一嘗試。有一次製作披薩時，除了傳統的瑪格麗特，我們也將部落常用的飛魚乾取代鯷魚，做出一款鹹香的口味。

這樣的課程，一直持續到我退伍之際。

Sinasera 24 距離永福部落不到十分鐘的車程，那時候我三天兩頭就跑去找珮芳姊，她會耐心地跟我說明香草不同栽種方式的優缺點和食用方法，讓我品嘗各種香草作物。

珮芳姊的香草園乍看之下雜草叢生，其實是為了維持生態多樣性。

「只有單一作物的情況下，會有源源不絕的害蟲。」她說，在沒有天敵的情況下，無法將這些蟲根本性解決。以茴香來說，會吸引蚜蟲前來覓食，啃噬茴香葉並棲息在花蕊中。蚜蟲體型微小、數量又多，完全無法靠人力的方式挑除。這時候田間的咸豐草就是重要的存在。

咸豐草生長快速，開花結出刺小的果實會黏在鞋子、衣服與動物身上。每次我到田間或山裡步行，一不小心就會黏上好多果實帶回車裡，實在令人困擾。然而，這樣的雜草不僅是夏季蜜蜂的重要糧食來源，更是肉食瓢蟲的棲息地。瓢蟲會在咸豐草叢中繁衍後代，主要的食物就是蚜蟲。讓適量的咸豐草生長在茴香植株的周遭，就能在不用殺蟲劑的前提下，有效抑制蚜蟲的生長。

長濱的夏天很熱，讓雜草與香草共生，有助於香草的水分保存而能渡夏。有些草如香附子，繁殖能力驚人，在愈貧瘠的土地反而生長得愈好。只要適時翻動土壤，讓其莖葉回歸土地，便能成為很好的肥料。

大自然真的非常奇妙，總有相生相剋的規則存在，只是需要找到正確的用法。維持生物多樣性的種植方式讓香草之間更有競爭力，激發牠們的生存本能，從而釋放出濃郁的氣味來保護自己。

「在多樣性的助攻下，香草們會相互交換物質，這樣的風味層次與豐富度更好！」事實證明，慕樂諾斯的香草相較於其他地方的作物，能萃取出1.5倍至2倍的精油量，吸引了不少知名精油保養品牌前來洽談合作。

在我回到長濱經營Sinasera 24的時候，第一個就想到珮芳姊。我很喜歡她種的香草，她卻經常回我因為產量不穩定，加上種類繁多，不知道如何供貨給餐廳。

還好Sinasera 24的菜單很靈活，只要她能提供的，我們可以調整菜單來搭配。隨著餐廳曝光增加，業界朋友多了，我都會帶他們到香草園看看，介紹珮芳姊努力推廣的事情，以及她最引以為傲的香草，希望促進更多的合作可能。

前幾年，珮芳姊會幫餐廳插花，用野花及當季的香草裝飾，如左手香、迷迭香、芳香萬壽菊、玫瑰天竺葵、檸檬香茅、茴香花等，一上桌就能聞到淡雅的香味。

隨著她的孩子們長大外出唸書，有了更多時間後，二〇二三年初，她將位在臺十一線路邊的老房子進行改造，成立了自己的工作室，名為「小藍點香草麵包」。

店內除了供應傳統酸種麵包等，也將農場自栽的香草融入麵包，成為一大特色產品。除此之外，店內少不了農場供應的秋葵、自製果醬、香草茶、純露等。原本以為消費族群以遊客為主，珮芳姊卻告訴我，在地顧客的比例更高。

「我的初衷就是希望本地食材能優先被在地消費，只有這樣才能穩定支持在地人。」話雖如此，途徑當地的遊客吃到她的商品都非常喜歡，用宅配的方式持續叫貨。

## 以香草為主題的味覺饗宴

珮芳姊對我而言不僅是廠商，更是生命中的貴人。

在Sinasera 24開店初期，她帶著我走訪長濱，認識各種食材與生產者；餐廳營運穩定後，她像媽媽一樣，花心思照顧我、引導我。繼「海鮮季」、「離島特輯」及「野味祭」後，我想以香草為主題向珮芳姊致意。

我們把餐廳門口的食材桌布置成香草園，各式各樣鬱鬱蔥蔥的香草高低起伏排列，彷彿在預告客人，準備進行一場「胃」蕾的探險旅程。

客人坐下後，會看到放在桌面上的菜單，封面是黃綠色各式香草的印記，拓印在雲彩紙上，與紙張紋路相互襯托著。半透雲彩紙說明這次的菜單主題，上面印著這段文字：

入秋之際是香草繁盛時節，植物連結了土地的情感，
真實呈現了最貼近在地生活的樣貌。

曾在普羅旺斯進修的主廚Nick，
每天會到餐廳的小菜園採摘香草，用於當天料理中，
也透過這樣的方式奠定了他的法式料理基礎。

從餐廳的落地玻璃窗向外眺望太平洋，
那些吹著海風、吸收著土地滋味的植物們，是專屬於東海岸花園的味道。
這季菜單，讓我們一起透過香草、香料的堆疊來認識花東、認識 Sinasera 24。

Bon Appétit！

迎接賓客的第一道料理，是以「香草花園」為名的開胃冷湯。使用十二種香草，加入蘋果、小黃瓜、芹菜等，增添甜感。一場與香草邂逅的美味饗宴，就此展開。

讀者在家可以嘗試這道簡單的配方，是適合盛夏品嘗的清爽冷湯。

# 香草西瓜 Gazpacho

## 準備材料

### 材料A

- 西瓜　一千五百五十克
- 黃瓜　二條
- 番茄　四百五十克
- 紅洋蔥　一百一十克
- 墨西哥辣椒　一根
- 蔓越莓醋　一百二十克
- 鹽巴　少許

### 材料B

- 芳香萬壽菊　二十五克
- 薄荷　十五克
- 墨西哥龍艾　八克
- 海埔姜　八克

## 製作步驟

1. 把材料A中的西瓜及紅洋蔥去皮，黃瓜及墨西哥辣椒去頭尾、番茄去蒂，將所有食材置於果汁機中打碎備用。
2. 把材料B中的香草清洗乾淨後陰乾，不需切碎，直接浸泡於材料A的果汁中一晚，隔天將香草取出即可飲用。

## 小叮嚀

可將喜愛的香草綑綁在杯器外圍，將冷湯倒入品飲，會更有氛圍感。

03
CHAPTER

# 迎著海風、堅持無毒栽種的
# 天然米產地

花東縱谷是全臺灣稻米的主要生產地，它得天獨厚的環境孕育了健康、高品質的優良稻米。遠近馳名的地域不外乎池上、關山、富里等，米粒飽滿、外觀晶瑩剔透，煮出來的米飯香Q有嚼勁，有些品種甚至帶有淡淡的芋頭香氣。

知名度相對較低、但有著不可動搖地位的稻米產區，非長濱莫屬。長濱自古盛產稻米，曾是日治時期進貢天皇的特選珍貴白米，風土滋味及品質可見一斑。

有人說長濱的米特別好吃，甜度甚至比中央山脈栽種的米來得高。背山面海的地理位置，有著天然的黑黏土及特有地質，塑造了適合米生長的環境優勢，也成就長濱海岸梯田的獨特風貌。東臨太平洋，吹拂的海風所帶來的水氣覆蓋在稻米身上，微量鹽分能產生抗菌、防蟲的功效。西面金剛山，提供了豐富礦物質的灌溉水源，同時阻隔日落光照，加大日夜溫差，使得米粒更加香甜。

長濱米跟縱谷區的米的最大區別，就是一年一耕栽種方式。長濱米每年於二月播種，六月收成，其餘的時間讓土地充分休息，在生產與環境永續之間找到平衡。

Sinasera 24會不定期推出米料理，並在晝日風尚休閒會館櫃檯分享獨立包裝的米商品給來遊玩的旅客。與多位職人配合，其中一位比較早開始合作的是林張凱耀。

## 以「金剛山」命名，深根土地

凱耀本是職業棒球員，生長在長濱，之後前往都市發展。一次負傷回家休養期間，他發現閒置的土地增加，才知道像自己一樣的當地年輕人都外移至都會區工作，務農人口高齡化，只能逐步放棄耕作的土地。

社會結構的變遷是許多鄉村必然的趨勢，對在地居民來說無疑是不小的衝擊。經過思考，凱耀選擇放棄職業運動生涯，二〇一二年回歸到熟悉的長濱。

「長濱是非常適合種植藥草的地方，阿美族留下來的傳統，教育我們如何辨識藥性植物和雜草。」他說，原本想以藥草耕作，但沒有務農經驗，一切從零開始並不實際。幾經輾轉後，決定接手父執輩資源。

他開始回憶從小幫忙爺爺、叔公們打下手的經驗，並向鄰居們認真討教，透過拼湊的方式出發。靠天吃飯的業態，讓缺乏經驗的凱耀第一年就吃盡了苦頭，但是透過學習、交流、觀察、試驗，不斷修正，堅持用自然農法耕作，愈發上手。

凱耀的農地座落在長濱金剛山的山腳下，以此決定「長濱金剛米」的品牌名稱，標榜「不灑農藥、不使用化學肥料，順應時節，重視自然系統循環」的經營方式。他表示，長濱以前也是一年兩期的耕作週期，七月收割後馬上就要準備八月插秧，趕在十一月收成。後來地方政府透過休耕補助的方式，鼓勵農人讓土地休養再利

用，插秧的時間重新調整，有機會在颱風季來臨之前完成作業。

這項措施短時間內或許看不出差異，不過隨著時間推移，可以看到田間生態復甦，包括水黽、蛙類，甚至還有紅冠水雉前來築巢。而就近的金剛山上也能聽見山羌的叫聲，山豬、獼猴們則是不定期來光顧。

「鋤禾日當午，汗滴禾下土。誰知盤中飧，粒粒皆辛苦。」這首從小吟唱的詩句，我一直到三十幾歲才真正體會它的意涵。

已經不記得是什麼緣由，我跟凱耀約好，三月的某一天帶著同仁到他田裡插秧。我們一行人穿著拖鞋短褲，一副出門郊遊的樣子。

那天上午陽光明媚，傾瀉的陽光灑在山腳下的梯田，顯得格外詩情畫意。我們認真聽著凱耀的教學，把褲管挽起，用他特別叮嚀的方式進行——以腳尖觸地踏入水田中，減少受力面積，降低水花噴濺的可能。

水中的田地冰冰涼涼、軟綿綿的，踩踏上去很快被泥土吞噬，一個沒站穩就會直接摔進水裡。因此重心在腳尖，才能從黏著的土壤中順利抽起，以倒退的方式，左手拿苗，右手插秧。

「第一個人一定要插得整齊且快，後面的秧苗才有參照的標準。」凱耀邊說邊示範。就像插秧機一樣，他熟練地一左一右、腳尖滑過水面，看似輕鬆簡單，不一會兒就完成了齊刷刷的兩列。

不等他催促，夥伴們一個接一個進入水田中，分配好各自負責的地塊，有樣學樣地動起手來。凱耀則是走到一旁的田埂上，不時修正插秧路線及間距，並分享秧苗的各種冷知識。

每年插秧時節，凱耀都會到秧苗場採買，隨著見聞增廣，他發現每個國家對待秧苗的方式也有所不同。以運輸來說，臺灣為了方便會把秧苗整片捲起來，土壤的部分朝外，一綑綑地搬運。反觀日本比較在意秧苗是否有壓到，會小心地分隔開來。泰國則跟臺灣相似，相信秧苗的生長力，一盤一盤直接丟上車。

凱耀分享自己的經驗：「其

實秧苗只要有沾到土都能長起來，最重要的是插秧的環節，為日後的生長奠定基礎。」

秧苗扎進泥土的深淺，以及排列是否整齊，直接決定秧苗的成活率和未來抽穗整齊度，進而影響稻米品質。插秧時每欉秧苗以五株較為合適，生長過程中才會有足夠空間伸展。每欉之間也要保持間距以利通風順暢，避免病菌產生。

凱耀娓娓道來這十年回到長濱耕作的心路歷程，一旁的我們因彎著腰倒退行進插秧，早已汗流浹背，不禁感慨農人的辛苦。日出而作、日落而息，早已成為他們的生活常態。

凱耀種植的金剛米，品名為「高雄139號」，是高雄農業改良場研發的品種。因為其外表帶有一抹白，相較於其他品種，不那麼晶瑩剔透，因而得到「醜美人」的稱呼。雖然它的外貌不是那麼討喜，充足的米香及Q黏口感卻能征服日本人挑剔的味蕾，獲得國際肯定，成為外銷的搶手貨。

凱耀之所以選擇栽種「醜美人」，除了市場喜好外，很大程度取決於長濱在地特性。一般稻穀收割後需經過檢測、烘乾、冷藏、碾米、篩選、精米、再篩選、包裝的過程，才會成為消費者看到的成品。其中「冷藏」的環節至關重要，稻穀烘乾之後並不會立即脫殼，為的是保有水分不過早流失。這些稻穀會被裝入太空包，用堆高機協助置放於十～十三度C低溫的冷藏倉庫中，而長濱本地並沒有這樣的倉儲設備，自行投資的成本將對營運造成過大的負擔。高雄139的特性是耐儲存，愈放愈香，不像一般香米在常溫環境下，三至四個月就會失去自身風味。

「醜美人」屬於中晚熟的品種，生長週期約一百二十天，能夠很好地抵抗稻熱病，符合凱耀不用農藥栽種的堅持。每年吸收土地營養，產量穩定，食味品質也是受到多方認可和好評。

## 理想很豐滿，現實很骨感

秋收時節，看著隨風搖曳的稻穗，又是令人欣慰的一年，但背後的辛酸又有多少人知道呢？

用天然的方式栽種稻米，所需的程序更為複雜。在插秧之前的整地就要進行三次打地，用物理方式翻攪，讓土質更鬆軟的同時雜草也不易生長，不需用藥去除。

每年九千公斤的收成，分為白米、糙米、米釀及研發的米零食，供應給個體戶，多以北部為主。堅持無毒栽種的凱耀透露，這樣的產量根本無法與慣行農法較量。一般收購的廠家在乎的是賣相，友善環境的成品不

見得就有好的銷量，擴大規模的路途可說坎坷不平。但是為了土地的富饒、豐沛生態圈的延續性，凱耀仍然孜孜不倦地努力。而我能做的，就是透過餐廳這個平臺給予支持，讓食客們有機會認識、品嘗土地的味道。

米粒飽滿、香又甜的醜美人被很多壽司店肯定，做成飯糰也是很好的選擇，那是否也有其他的組合可能？香Q、有黏性的優點，是否跟義大利燉飯的特性相吻合？當我的腦海中有了這個想法之後，創作非常迅速。

我選用鮑魚和醜美人完美地結合在一起，先將鮑魚用清酒蒸煮的方式料理，再上炭火增添焦香滋味。鮑魚肝是濃郁鮮味的來源，將其搭配醜美人烹煮成燉飯，如義式料理般保留米心，盛裝切成塊狀的鮑魚，撒上大紅袍花椒粉並點綴上香菜苗。

Voilà！這道中西結合的米食料理，即成為饕客們似曾相識的味道。

Sinasera 24曾將醜美人做成米餅、糜、米香、米布丁、米麴等形式，也用凱耀收成後曬乾的稻草做成稻草醬汁、稻燻冰淇淋、燻鰹魚等，都大受歡迎。

米的可能性很多，用在地食材結合異國風土與文化就能創作出討喜的新滋味。期盼來餐廳用餐的每個人，都能靜下心品嘗我們特別篩選過的食材並傾聽背後的故事，讓我們一起擁護對環境友善的理想和堅持。

# 成功小卷絲瓜燉飯

選用長濱米和當季清甜的絲瓜燉煮，如義式燉飯般保留米心。搭配的澎湖小卷，以紹興酒噴燒使其香味迸發，最後點綴微微甘甜且清涼的西洋蓍草。

**準備材料**

- 長濱絲瓜切片　五十克
- 長濱金剛米　五十克
- 魚高湯　九十克
- 無鹽奶油　五克
- 帕瑪森起司　十克

- 嫩薑 一片
- 成功漁港小卷 四十克
- 海鹽 適量
- 檸檬汁 十CC
- 紹興酒 適量
- 西洋蓍草 三片

## 製作步驟

1. 魚高湯：魚骨、紅蘿蔔、西芹、洋蔥熬煮，約一個小時後過濾，放涼備用。
2. 絲瓜去皮、切片，鍋子加油後加入絲瓜，炒至軟爛後打成泥狀冰鎮（以防醬汁變黃）。
3. 取大鍋，倒入魚高湯，加入長濱米跟切片的嫩薑，中火煮至八分熟。
4. 取平底鍋加入米飯跟絲瓜醬拌煮，加入海鹽調味。起鍋前加入檸檬汁、奶油及帕瑪森起司（依個人喜好調整）。
5. 小卷去皮、去內臟，切成指甲大小的片狀，淋上紹興酒，用火槍炙燒表面，海鹽調味。（沒有火槍可以用大火快炒的方式烹調，過程中加入一點紹興酒提香也有相同效果。）
6. 絲瓜燉飯鋪底，放上炙燒過的小卷，最後放上西洋蓍草點綴，即可享用。

CHAPTER 04

# 來自藏濱濃縮鹹鮮海水的脆甜美味

成立於一九八四年的「新東洋養殖場」，最早以養殖臺灣九孔為主，巔峰時期年產量高達三十萬臺斤，是臺灣指標性的九孔繁殖場，甚至外銷至日本和東南亞國家。可惜好景不常，二〇〇〇年的強颱碧利斯從臺東成功鎮登陸，帶來了十七級的狂風暴雨，席捲養殖場，造成九孔嚴重傷亡。接踵而來的是隔年的九孔病害，摧毀了當地近二十家九孔養殖場的生態，瓦解了臺東的九孔產業鏈。

在這樣的背景下，新東洋養殖場負責人李忠和不氣餒尋找轉機，在友人的引介下得到了蝦苗，從此開啟養殖白蝦的道路。

二十年過去，新東洋已成功轉型，成為東海岸第一家通過水產品產銷履歷制度（TAP）的白蝦養殖場，並重新命名為「藏濱」。李大哥退居幕後，由兩個兒子接手經營管理。小兒子李俊叡是品牌對外窗口，二〇一五年榮獲農委會「第二屆百大青農」的獎項，開發了更多加工水產品，而距離此處車程約十分鐘的 Sinasera 24 無疑是最大的受益者。

## 口耳相傳的風味料理

過往 Sinasera 24 菜單曾有道看似簡單，卻讓客人回味無窮的白蝦料理。將去殼白蝦放置在滾燙石頭上，讓石頭餘熱慢慢進入蝦子，上桌呈現半生熟的狀態，搭配的沾醬則是以阿根廷青醬做為發想。

傳統阿根廷青醬使用大量的墨西哥辣椒，結合巴西里、蒜頭、白酒醋等，讓青醬呈現濃郁草香及酸勁，非常適合搭配燒烤料理。我們則將嗆辣的辣椒替換成比較溫潤的韭菜，搭配在地的大花咸豐草、孜然等，讓整個口感更加圓潤的同時，不失香料及香草的層次感。在擺盤上，將石頭周圍鋪滿醬料裡所使用的各式香草，接觸到的部分會因為熱度而散發更多的香氣，在視覺、嗅覺、味覺上，都是一大享受。

這道菜讓客人耳目一新，其實不是酷炫的擺盤，或是技藝高超的醬料製作，而是在石頭上的那隻白蝦。經過餘熱加持，蝦子的熟度恰如其分，多一點太熟，少一點不夠脆口，其甜度在沾醬的呼應下更為突出。這樣的白蝦，比明蝦、龍蝦都來得更美味！而它的口感及甜度，要歸功於新東洋養殖白蝦的方式。

位於長濱界橋的養殖場，處在柱狀火山成岩體地域，富含天然礦物元素。瀕臨太平洋，取用鹽度三．五的海水來培育白蝦。

負責人俊叡向我們分享「白蝦是廣鹽性的」，環境適應能力很強，淡水、鹹水都可以養，只是各有利弊，憑各家養殖場自行評估。一般淡水是零度，而白蝦適合中間值2度。要用淡水飼養白蝦需先經過馴化，為避免麻煩，大部分都是以半淡鹹水養殖，也就是用海水加淡水進行調配。

使用海水而非勾兌的鹽水，是為了海洋中的礦物元素，會豐富白蝦的風味層次。換句話說，純粹用半淡鹹水飼養的白蝦風味，比較單一、過於乾淨。

我很好奇，如果海水飼養出的白蝦風味表現比較好，為什麼不全部都用海水就好？

原因很簡單，比較貴。海水滲透壓會減緩蝦子的生長速度，相對需要更多時間養殖，增加飼料、人力需求等，成本自然會提高。俊叡舉例，他們一般費時五個月時間飼養的超大尺寸白蝦，在越南只需要三個月就能達到同樣的大小，但用吃的來驗證，結果顯而易見。在海水中養殖，雖然生長緩慢，卻有助於白蝦呈現更札實且Q彈的口感，肉質也更加鮮甜，這些特徵是無法靠飼料操控的。幸運的是，新東洋跟太平洋只隔著一層柵欄，海水透過機器打水就能進到養殖場，提供了友善環境，讓蝦子生活。

## 鮮甜海味，大有學問

要培育出優質白蝦，把Q彈鮮美香甜的食品送到客人面前，從養殖環境、蝦苗、飼料、白蝦生活習性到最後的收成包裝，都經過俊叡跟父親、哥哥的各種試驗、學習、調整，找出最好的方案。

在李爸爸決定轉戰白蝦養殖業的時候，重新評估了飼養池，把原本的九孔池重新改建，設計成適合白蝦生長的池子，更深、更大。隨著規模擴展，在外工作打拚的俊叡兄弟兩人相繼回家幫忙。水池也從一個變成現在的六個，外加一個蓄水池，方便池子之間輪替清洗及消毒。

健康優質的蝦苗，是養殖成功與否的關鍵因素之一，新東洋特別挑選SPF（Specific Pathogen Free）健康種苗進行培育。這些蝦苗就像小嬰兒般脆弱，為避免海水有危險因子夾雜其中，海水會先經過消毒殺菌才進入蝦苗池子中。在生長週期的第一個月不換水，確保蝦苗都在受保護的環境中穩定成長。進入到中後期，蝦子有了一定的免疫能力後，池子裡的水則天天替換，以排放汙水。

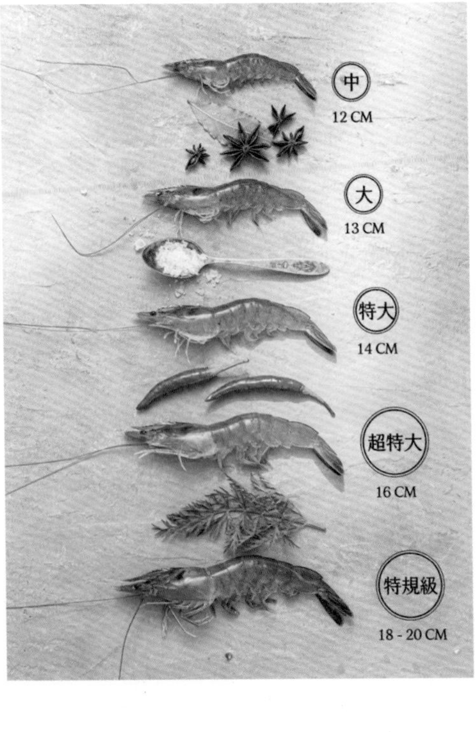


每逢颱風季，除了基本的防颱準備、減少水車的運作以防側風吹翻之外，還需要在養殖池裡特別添加白蝦專用的礦物質。蝦子屬於甲殼類生物，在水池中生活會消耗一定的營養物質。雨量增加等天氣因素會改變水體，讓白蝦感覺不適。為了避免這樣的情況，俊叡會在颱風入境之前，先添加優質的益生菌做預防，也可增強白蝦對環境突變的抵抗力。他們還會定期測量水質數據、檢測海洋弧菌，如果池子裡的營養過剩，壞的病菌會比好菌種長得更快，所以要格外小心。

照料了白蝦的起居，再來就要關心牠們的飲食。白蝦是雜食性，不停地吃、不停地排泄，相較其他養殖品種而言，算是生長快速的。英文有句俗諺「you are what you eat」（人如其食），意思就是你吃什麼就會反應在你身上。尤其是這種一直在進食的物種，大廠牌的飼料有基本的保障，再來就是針對養殖不同時期做觀察跟調整。

蝦子在幼蝦時期，都是以粉末狀或小碎粒，用人工投料的方式，沿著養殖池外圍一圈餵食。因為白蝦有逆水流的特性，健康的蝦子都會環繞在池子邊，只有不健康或有問題的蝦子才會漂到池子中間。隨著白蝦體型逐步長大，飼料會改成比較大的碎粒，並用自動噴料方式投餵，觸及面積比較廣，促使白蝦快速移動攝取食物，提高活動力。

白蝦的理想生活溫度在攝氏二十六度C～三十度C，經過馴化可以抵禦更寒冷的環境。隨著天氣變冷進入冬天，白蝦的攝食欲望受到影響，移動速度也會減緩，這樣的情況會持續兩個月左右，而在食欲減少的時候，就要提高飼料誘引性和營養。

俊叡剛返鄉工作時，跟哥哥每天都在餵飼料，從早上六點開始，每四個小時餵一次，一直到晚上九點或十點。他會透過飼料傘網查看蝦子進食的情況，每次餵食時都會觀察蝦子的一舉一動，因此對白蝦的生態非常熟悉。接手養殖場後，為了更了解飼料這塊，兄弟倆還會試吃飼料，學習飼料對蝦子的影響，並跟飼料廠溝通飼料調配，以達到最滿意的狀態。

「我們注重成品鮮甜度以及肉質彈牙的表現，但並不能完全依賴飼料。」原來，飼料比較著重飽滿度，其他則跟生長環境、包裝處理流程，具有緊密的聯結。經過四至五個月的培育，白蝦就可以捕撈上岸了。加工環節跟養殖手法同等重要，同一個區域養殖，如果加工環節不同，吃起來的味道也有可能不一樣。

白蝦長到一定的尺寸準備打撈上岸的前一晚會停止餵食，讓蝦子有時間排泄。捕撈起來後先放置在水產加工區的桶槽中，打入純氧，這種高溶氧的環境會讓白蝦感覺特別舒服、放鬆，促進腸胃消化，排放出殘留在體內的排泄物。緊接著用乾淨的海水洗淨、冰鎮，使牠們休眠。接下來再以人工選別不同尺寸規格，挑除次級品，進行真空包裝，並送入零下四十度C的冷凍庫，進行急速凍存。急速冷凍能夠在短時間凝結水分子，減少冰晶現象，完好地保存白蝦Q彈的口感。

從海水桶槽裡撈出後到包裝封袋，都是低溫作業，時間需盡量縮短，一般每小時能包一百五十臺斤，每次安排一個早上四小時，其他時間留用製備。

俊叡表示，每年中秋、過年期間是燒烤、圍爐的時節，消費者比較捨得花錢，這時候白蝦的售價比較漂亮。基於時節需求，養殖場會反推時程，以此來規劃放養

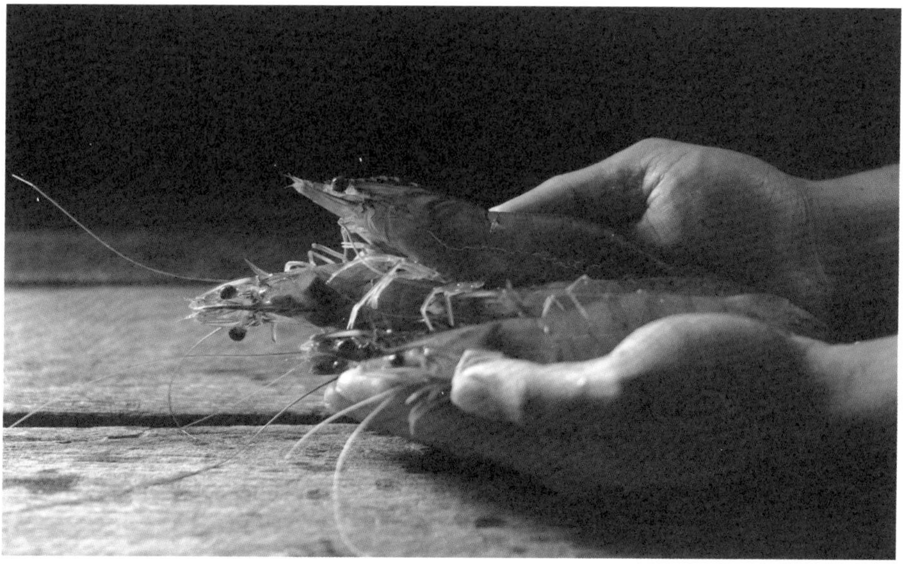

蝦苗的季節。

## 時運不濟，只能靠自己

白蝦屬無脊椎動物，一旦發病會在短時間內死亡，並極有可能感染同個池子的其他蝦子，以至於全數陣亡。二〇一三年，距離九孔病變的十二年後，成功鎮至長濱鄉沿海一帶發生了白蝦暴斃的慘況。

「那一整年的產量只有一個養殖池，約三千八百臺斤。這樣的收益要支應三個家庭未來十個月的開銷實在太難了！」除了維持養殖池運作所需的電費、飼料、蝦苗之外，還要考慮生活雜支，俊叡一家人面臨著一道艱難的抉擇：是要轉換跑道，還是繼續嘗試？

三位當家男子都不是科班出身，一直以來的養殖方式都是靠經驗傳承與累積。當時東部業者面臨了白蝦大量死亡的困境，蝦苗罹患腸炎，無法正常吸收營養，導致蝦子肝胰臟病變萎縮消弱死亡，向專家求助無果，原來全球業者都遭遇到這個問題。

他們商討過後決定繼續經營。俊叡回憶：「但難免會有意見不合的時候，達不到共識。大家都覺得自己是對的，後來討論用比賽的方式，誰養起來，以後就聽誰的。」就這樣，一人一個池子，互不干預，讓結果說話。

「養蝦並不是每次都會成功，即使在沒有病變的時候也是如此，不可控的因素實在太多了。」俊叡解釋道。

即便如此，他們並沒有放棄，一切重新來過。每批少量的飼養，時刻調整並從中學習。養殖後期，每個月一百至兩百萬的開銷，還要苦撐大半年，不知道會不會成功，對家裡每個人來說，都是精神上極大的壓力。

終於，在比賽結果揭曉那天，俊叡發現自己負責的那池白蝦都健康長大，產量不少，賣出了好價錢，全家都高興極了！自此之後，大家更兢兢業業地工作，慢慢地把口碑做起來。直到現在，早已成為經營非常穩定的長濱家族企業了。

二〇二三年，紀錄片《品・味》拍攝團隊來到長濱側拍 Sinasera 24 的時候，特別到新東洋採訪俊叡。他在受訪時說道：「當初沒有人想要接家裡的事業，因為養殖業很辛苦。我一開始接手覺得有點乏悶，因為距離市區、便利店、車站都很遠；慢慢地，從中發現樂趣跟興趣，才有動力去做，所以我也希望廚師能夠真正了解生產者的心聲，了解作物的特色，才能更好地向客人介紹。」

短短幾句話，在我聽來格外有感，因為Sinasera 24的情況也是如此。

二〇一七年，我們在長濱剛起步的時候非常不容易，店裡客人寥寥無幾，想做的太多，卻沒有機會。隨著時間推移和口耳相傳，現在有愈來愈多人知道我們的理念，讓餐廳成為一個可以推廣好物及美食的平臺，讓更多人能聆聽像俊叡這樣生產者的心聲。感受到這些職人的堅持成果，是我覺得很有成就感的事。

# 石燒白蝦

清甜的白蝦在滾燙的石頭上滋滋作響，伴隨著香濃青醬的辛香，以及香草溫熱的淡雅香氛，半生熟的口感，讓人一口接一口地，停不下來。

## 準備材料

- 界橋白蝦　二隻
- 韭菜花　三斤
- 韭菜　一·五斤
- 孜然　十五克
- 油封蒜頭　五顆
- 蜂蜜　一百克

● 紅酒醋　三十克
● 橄欖油　少量
● 黑胡椒　適量
● 香草　適量
● 芥花油　三十克
● 鹽　適量
● 粗鹽　半碗
● 麥飯石　一顆

**製作步驟**

1. 白蝦去殼、斷筋、去腸泥，撒上適量鹽巴、黑胡椒，並淋上橄欖油。
2. 韭菜花及韭菜切碎後放入食物調理機中，加入孜然、油封蒜頭、蜂蜜、紅酒醋、芥花油、二十克鹽，攪拌均勻後備用。
3. 麥飯石放入烤箱後，用二百一十度加熱半小時。取碗狀容器裝上粗鹽，並在外圈鋪滿香草，將滾燙的石頭至於容器中間。表面塗抹上橄欖油並放上蝦子，用噴槍稍微噴燒白蝦表面直至上色，最後取一勺韭菜青醬放在白蝦旁。不需過多等待，即可享用的美味！（若是家裡沒有噴槍，將蝦子在熱石上翻面炙燒也能達到同樣效果。）

CHAPTER 05

# 用一杯好茶，品茗在地風土人情

雷陣雨過後，整個臺東仍然悶悶熱熱的。

「快進來，外面熱！」短髮齊耳、身材嬌小的淑清姊招呼著我，「稍坐一下，茶王等下就過來！」

店裡的自動門一打開，涼快的冷氣撲面而來，回過頭，茶王陳錫卿已走了進來。從皮膚黝黑、身形單薄、樸素的外表下，或許很難想像，這位略帶臺灣國語腔調的大哥是拿下國內大大小小獎項的茶農。

會被冠以「茶王」的美名，是因為二〇〇五年的一場茶葉比賽中，陳大哥創下了臺灣茶葉最高拍賣價一斤八十八萬元的紀錄，贏得總冠軍。

第一次接觸陳大哥，自然對他的過往抱持著崇拜與好奇。不過，他輕描淡寫地說，「其實很簡單，家裡本身就是種茶的，我從小在茶園長大，作為二代接手，希望能做出足以媲美葡萄酒的頂級佐餐茶。」與其回顧過去的歷史背景及成就，他更致力於臺灣茶未來的展望與規劃。

## 做出市場區隔，重視品質是永續之道

臺灣素以好茶聞名，其中半發酵的烏龍茶及包種茶最為突出。雖說如此，臺灣茶的年產量，卻僅占全世界的百分之二，印度、斯里蘭卡、日本等產區的茶更是享譽全球。

陳大哥分享，臺灣茶與其他茶相比，最迷人的莫過於喉韻，也就是俗稱的「回甘」，這也是他的製茶標準，香氣、喉韻缺一不可。「做茶的人很多，要做出有競爭力的產品，才是持續經營下去的根本之道。」於是冷萃茶就是在「市場區隔」的考量下誕生了。

臺灣消費者對冷萃茶並不陌生，大街小巷常看到的手搖飲料店充斥著冷萃茶。但有多少人真的是為了「品」茶而買?飲料店因成本考量，大多選擇茶葉店篩選後的邊角料，後續再因應顧客需求，添加糖、牛奶、珍珠、椰果等佐料，堆疊於茶香之上。陳大哥希望改變這樣的趨勢，讓喝茶也可以成為時尚，可以用高腳杯來品飲。他希望提供不同的喝茶之道，為臺灣茶找出不一樣的通路。

市售瓶裝冷萃茶大多添入香料或香精，原因是天然茶香難以保存。基於這樣的考量，陳大哥在世界各地找尋後，找到了瑞士規格葡萄酒酒瓶，以及捷克的水晶防漏瓶蓋。跟葡萄酒保存的原理相同，茶色瓶身能保護瓶中的茶水不受陽光的照射，防止變質。使用水晶瓶蓋則是防止空氣進入，讓未開瓶的冷萃茶保質期延長至六個月。

冷萃茶要好喝，茶葉自然得講究。由父執輩開創的允芳茶園，座落於無汙染的臺東鹿野，擁有日夜溫差大、相對濕度高的先天條件，讓茶園能夠種植出足以媲美高山茶的極品。陳大哥及其父執輩一直到現在接手的孩子們，堅持用無毒方式經營。除了園區使用有機肥料外，更堅持以人工除草、手工採茶，以保護茶葉的完整性，並將老葉與嫩葉區分出來，確保製茶品質。

為了呈現茶葉最完整的風味，陳大哥不斷嘗試並改善製茶的每一個步驟，包括曬茶、凋萎、揉茶、烘茶等，同時需兼顧溫度、濕度等環境因素。發酵環節決定了茶葉風味的呈現，發酵速度過快會讓茶葉失水過多，從而得到興味索然的茶水；發酵太慢則凸顯了茶葉的苦澀味。經過多次測試，陳大哥找到了訣竅，用高溫殺菌的方式破壞酵素活性，並讓茶葉保持在百分之五以下的含水量。

茶葉製成後，泡茶所用的水也不能馬虎。臺東有好山好水，是臺灣最後一塊淨土，陳大哥解釋道：「萃取風味的水還是得用泉水。」一般的RO水（逆滲透水）中會添加氯來殺菌，味道整個就跑掉了。而泉水的味道是甘甜的，但若經過加熱，很多微量元素都會消失，進而影響風味。所以，如何過濾、萃取，保留水中的微量元素及茶葉的營養、去除腐敗細菌、雜質，以及過多的咖啡因，將純淨、清澈的茶香保留於瓶中，品牌的know how是關鍵。

一瓶葡萄酒的品質，會受到生長環境、栽種和採收方式、釀造技法、保存條件等因素影響，冷萃茶也是一樣。陳大哥說，以前玩冰滴茶，透過冰塊溶解低溫萃取茶水，並無法完整得到茶葉風味，僅能取得二至三成，加上冰塊本身的來源及品質難以管控，實在太浪費了。為了做出頂級的佐餐冷萃茶，陳大哥將製茶工廠變身成為無塵室，口罩及防塵衣屬基本配備，連會產生二氧化碳的堆高機都摒除，替換為插電或手動的方式處理。

陳大哥原本在臺北從事高壓電工程的小兒子返鄉，依循父親提供的冷萃茶標準，與工程師一同打造萃取設備，開創了領先茶界的冷萃取技術。他們用過濾後的泉水，在特製浸泡桶中維持零到三度的低溫萃取茶水，耗時四天，去除異味、雜菌和過多的咖啡因，保留茶葉純淨的風味及甘甜。

其他國家雖然也有類似做法，品質卻大不相同。主要差異在於陳大哥在製茶過程中，靠烘焙技術提升茶葉的甜度跟喉韻，著重於茶葉的精緻度。除此之外，萃取前後的消毒環節讓成品的穩定度，是其他品牌無法比擬的。

## 理想與現實之間的兩難

相較於傳統的熱泡茶，冷萃茶不會因為溫度的關係，讓某些微量元素揮發，進而破壞香氣和滋味，更勝於一般冷泡茶。冷萃茶細緻地呈現了茶葉的特色及風味，推翻市售冷泡茶加入香精才好喝的刻板印象。

陳大哥推出這樣品質穩定且優質的產品四年了，市場卻難以接受對應的售價。純淨風味的取得，除了高品質的茶葉本身，還包含後續一系列的製茶、裝瓶、低溫保存等流程，每個環節都付出了極度的用心與穩定的管控。再者，臺東能維持好山好水，因為其並非工業區，沒有環境汙染。所謂的優勢往往也成為限制，因為所有的包裝、罐子等都需倚賴宅配，無形之中提高了製作成本。

跟葡萄酒一樣費工耗時的冷萃茶，一樣的玻璃瓶身和防漏瓶蓋，一樣可純飲可佐餐，不會有延伸的酒駕問題，百利而無一害。說了那麼多，現實面是大部分消費者感受不到冷萃茶帶來的價值感。

陳大哥並沒有因為市場阻礙而氣餒，他認為只要喝過的人都願意為這樣的冷萃茶買單！這樣的自信來自於常客口耳相傳的肯定。

「不懂茶沒關係，用喝的就能辨別出與市售冷泡茶的區別。」位於臺東市區更生路的允芳店面裡，有一張茶几，讓顧客品飲熱泡與冷萃茶。「喝過的客人會買玻璃瓶裝茶回去送禮或跟親朋好友分享。」陳大哥說，大多入門的客人也都是透過這樣的管道進來的。他也分享，不久前有組客人喝完後很喜歡，但價格讓他們決定放棄就離開了。結果隔了兩個小時又走回來，一次買了六瓶，說是太好喝，要買回去送人。

陳大哥以這樣的方式，慢慢打開了冷萃茶的市場。但精緻玻璃瓶裝的冷萃茶不

YUNFUN
PREMIUM
BREW
OOLONG TEA
80% FERMENTATION

見得能滿足普羅大眾的日常需求，這讓他開始思考其他出路。既然玻璃瓶所占成本比例高，是否能將其替換為價格更親民的塑膠瓶？當初使用玻璃瓶的主要考量是品質穩定性，塑膠瓶的氣密性不如玻璃瓶，會有微量氧氣進入，縮短保質期；加上其透光特性，會讓茶水有照射變質的可能。如果能在短時間量產並販售，消費者很快就飲用完畢，玻璃瓶跟塑膠瓶的優劣差異就大幅度縮小了吧？

陳大哥將這個想法跟朋友、常客分享，很快就得到了認同。

塑膠瓶裝的冷萃茶保質期會縮短至三個月，不過對於日常飲用的人而言，綽綽有餘。塑膠瓶因為氣密性的關係，並無法將細微香氣分子鎖於瓶中；換句話說，雖然冷萃茶可以用塑膠瓶裝量產並降低售價，所使用的茶葉等級與玻璃瓶裝的茶還是有所區別。

「我們並不會因為是塑膠瓶裝的而犧牲風味品質，還是會跟一般通路販售的有明顯區別。」陳大哥解釋：「但我們會保留高規格玻璃瓶裝的冷萃茶，讓有意願的客人購買。」

這不是對現實妥協的做法，而是轉個彎，慢慢培養一群懂得欣賞冷萃茶的愛好者，建立更成熟的市場。

## 走進茶的多重宇宙

「茶」似乎被侷限在很多框架中，手搖飲料茶是年輕人愛喝的飲品，而圍著茶几泡茶的往往都是長輩。

為了打破這樣的成見，允芳在店內販售茶甜梅、綠茶餅、茶粉等，希望藉由推出不同產品，讓消費者見識並接納茶的多重樣貌。其中，茶粉就吸引了我的注意。

大家對茶粉應該並不陌生，像是常見的日式抹茶粉、用於烘焙或泡茶的即溶茶粉等。不過，允芳的茶粉如麵粉般細緻，香氣卻不受影響。我將它帶回餐廳，思考著如何將具有臺東特色的茶融入法式料理之中。

## 烏龍香─麵粉香─烘焙香

相較於茶葉，茶粉的接觸面積更廣，香氣更容易釋放。但由於其吸水性和滲透性更強，使得用於甜點製作過程中充滿了挑戰。

如果用於麵包製作，以茶粉取代一般的麵粉，調整配方中的水分，是否能讓香氣保留在麵團之中？還是要結合卡士達或奶油，用內餡的方式包覆其中？……

由於 Sinasera 24 的麵包很受歡迎，很多客人戲稱我們是「被法國料理耽誤的麵包店」，面對這樣的肯定，我跟麵包師傅更想挑戰與茶粉結合的美味麵包。

在Google上搜尋「茶麵包」，大多出現的是伯爵茶的口味，原因不得而知。大部分師傅做出的茶麵包香氣都很充足，是很外放、張揚的調性。而我想要做一款稍微內斂、能夠愈嚼愈香、禁得起細細品嘗，風味流連於齒間和鼻腔的麵包。

當我將這樣的想法提供給麵包師傅之後，他開始著手實驗。

嘗試了好多不同做法跟比例，最後定案的是加入了高筋麵粉的版本。因為高筋麵粉的筋性，麵包體有著Q彈的口感，適合咀嚼。在紅烏龍茶粉中加入少許蜜香紅茶和紅柴蜜，在茶香之間增添甜潤，並與麵團一同發酵，讓茶本身的香氣更加圓滑、醇厚。完成發酵後，我們加入了金棗和烘烤過的夏威夷果，呈現出不同口感；新鮮出爐的成品，外酥內軟。

# 茶香金棗法式麵包

準備材料

**波蘭種麵團**

- T65麵粉　一百五十三克
- 水　一百五十三克
- 蜂蜜　五克
- 低糖酵母　〇．二克
- 蜜香紅茶茶粉　一克
- 紅烏龍茶粉　五克

**主麵團**

- T55麵粉　三百五十七克
- 水　一百九十克
- 酵母　二克
- 鹽　四克
- 糖　四十八克

**餡料**

- 金棗　七十克
- 夏威夷果　一百四十克

## 製作步驟

1. 波蘭種：將T65、水、蜂蜜、低糖酵母及茶粉攪拌均勻，放置三十度C發酵箱，發酵三～四個小時後，放進冰箱保存隔夜（功用是增加保濕性，並充分釋放茶香和麥香）。
2. 取出波蘭種後加入T55麵粉、水、糖、鹽巴至攪拌機，打出筋性（不黏手、拉扯有韌性）。
3. 加入夏威夷果，繼續攪拌，均勻混合後即可取出麵團，在室溫中發酵，半小時後翻面，再發酵半小時。
4. 分割麵團，此食譜可分兩顆，塑形成橢圓長方形，靜置十分鐘。
5. 麵包輕輕拍開，讓空氣排出（避免太過用力將麵團拍扁），均勻鋪上切丁金棗後，將麵團捲起，兩邊收口，靜置發酵一個小時。
6. 在麵團上撒上少量麵粉，並在表面切割三條斜線。避免烘烤過程中，麵包不規則膨脹。
7. 進烤箱前預熱半小時，設定烤焙溫度上火二百三十度C、下火一百五十度C、蒸氣二秒，烤十八分鐘後關下火，將麵包掉頭，繼續烤六～八分鐘即可。

小叮嚀

- 在沒有發酵箱的情況下，可將麵團放入鋼盆中，封上保鮮膜，靜置於二十五度C室溫。
- 家用烤箱沒有蒸氣功能時，可用鋼盆盛裝少量熱水，一起放進烤箱。

好茶來自茶農的細心呵護、栽培，我們希望在人情味濃厚的臺東，讓更多旅人跳脫既有框架，品味並認識到溫暖柔和的好茶。

除了將允芳的茶粉以麵包的方式呈現，Sinasera 24也引進了玻璃瓶裝的冷萃茶，並設計了自己的茶標，穿插於餐點搭配。當客人聽到我們的介紹時，第一個反應都是難以置信，因為顛覆了他們對「茶」的認知。如陳大哥所言，喝過的客人都會詢問來源與售價，希望能帶回去跟更多人分享。

使用葡萄酒瓶，以高腳杯品飲，冷萃茶能夠晉身為fine dining佐餐飲品。看來，陳大哥的想望已不再只是夢想。

CHAPTER 06

# 阿美族的斜槓人生
# 討海人的私房飛魚料理

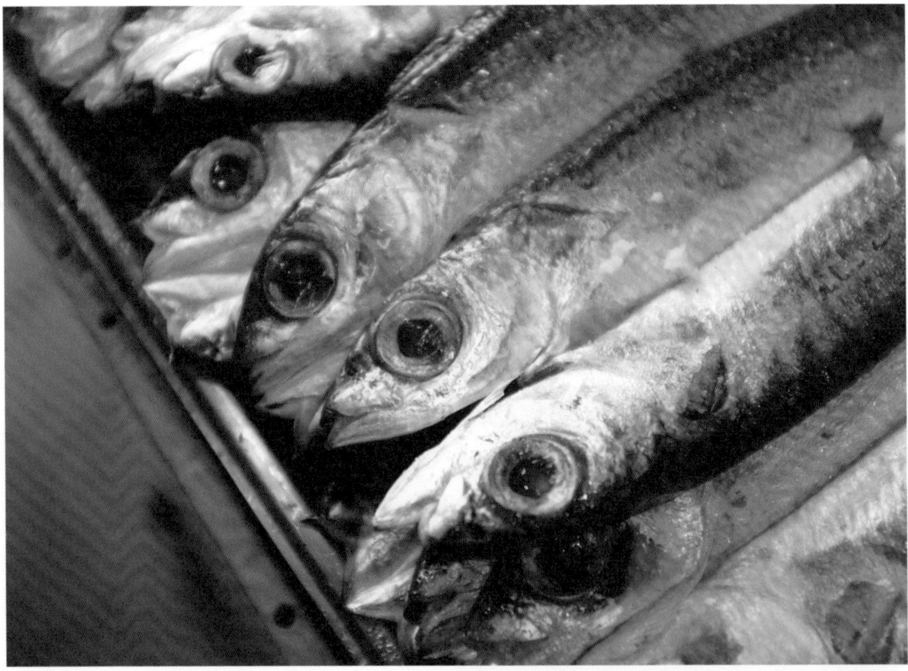

主廚帶路

「要買辣竹筍嗎？」高媽的LINE訊息從螢幕中跳了出來。

高媽說的辣竹筍，是阿美族家家戶戶都會自製的酸筍。在過去沒有冰箱的年代，部落裡的人會用醃漬的方式來保存筍子（醃漬的桂竹筍或刺竹筍統稱為fukah）、海鮮（醃魚卵或魚鮮被稱為anato，醃石鱉則是a'lem）和肉類（醃豬肉為siraw、醃牛油為simal）。醃漬方式大同小異，但每家的醃漬手法、調味比例都有所不同，也因此出現不同風味，而我特別喜歡高媽家的。

高媽的酸筍，是採自後山的野生筍，醃漬兩個禮拜就可食用，也可放至一年半載，讓風味持續發酵。酸筍本身又脆又酸又辣，是每年中秋節員工烤肉的必備配菜，令人一口接一口，停不下來。

每年的七到十月是筍子盛產的季節，高爸和高媽會攜手上山採集竹筍，再由高媽做後續加工。每次介紹朋友過去，高爸都會很驕傲的誇讚高媽的手藝：「高媽很會醃東西，所以我才經常拿東西回來。」高媽每次都謙虛地告訴我們，高爸才是深藏不露的高手。

當初會認識高家，是因為他們另一項產品——飛魚乾。

「Kakaho」，就是阿美族人口中的飛魚。牠屬於洄游性海魚，從菲律賓開始，途經臺灣，隨著黑潮往日本前行，完成產卵後再一路南洄。每年的四到六月，就是飛魚們抵達東海岸的時節，也是最肥美的時候，除了漁民蓄勢待發，天敵鬼頭刀也緊隨其後。爲了逃脫獵食者的追捕，飛魚會躍出水面，這也成為遊客爭先目睹的奇景。

據高爸分享，全世界有五十多個品種的飛魚，臺灣有二十種左右，長濱比較常見的有六種。雖然不知道學名，高爸、高媽會用飛魚顯著的特徵來命名，像是肥黑鰭、長白鰭、斑點鰭等，更有助於我們這些外行人聯想。

高媽進一步解釋每個品種的區別，黑鰭飛魚的體型較大、油脂多，是大部分漁民喜歡的品種，燻烤出來肉多香氣足；白鰭飛魚則是比較細長型，占捕撈的多數；斑點飛魚的翅膀拉開時可以看見小斑點，體型相對來說比較小。除此之外，也有只有五公分和兩公分大小的成年飛魚，這種魚一般會被放生，或是用酥炸的方式食用也不錯。

跟酸筍一樣，飛魚乾會因處理手法和製作者的喜好有所不同。飛魚本身有非常多的細刺，老一輩的人會將飛魚用粗鹽醃漬後，用月桃梗或牧草燻烤。飛魚乾用於煮湯鮮度一絕，不太需要額外的調味。

在跟高爸聊天的過程中得知，阿美族的醃漬物或烤物都偏向重口味的原因，源自於以前用水不如現在方便，食材處理前後並不會用大量清水沖洗，加上沒有冷藏設備協助保存，因此使用大量的鹽及長時間燻烤的方式以便保存。現在很多家庭也延續了祖宗們的作法。

高媽老家在高雄，不習慣阿美族傳統較重鹹的飲食偏好，她向高爸學藝後，套用自己的口味製成的飛魚乾，能品嘗出飛魚本身的味道，深得我心。加上燻烤時間壓縮在一個半小時左右，不會過度乾硬，更適合用於料理製作。

## 傳統的延續與接力

那天跟高爸、高媽討教飛魚的相關知識，高爸說他父親就是捕魚的。他回憶小時候家裡的漁網都是縫製的，不像現在有現成的可以買。以前每家男丁都是斜槓工作者，平時耕作田地、灌溉務農，六月準備收割稻子之前，就會抓緊空檔出海捕飛魚。因為割稻期間需要請親戚幫忙，所以要趕快準備飛魚，晚餐才有葷食可以請客答謝。而收完稻子後還要潛水採集，網羅各式可食用的螺貝類、海藻、海菜等，慶祝當年的收成。

高爸笑說，以前網子要自己編織，所以很短。一個晚上能捕到二十隻飛魚就很厲害了！現在的大網子，輕而易舉地就能捕撈一百多條。聽他訴說過往，覺得特別有趣，又繼續追問捕魚的技巧。

高媽在一旁直搖頭：「這實在太難了！」不是不肯教，是很難學。

「看流水就知道魚會怎麼走。」高爸一句話，讓我內心充滿了問號。

「小時候我很調皮，喜歡在海邊玩，國中時期就在抓魚苗玩。」這些日常點滴讓高爸很早就學會看海流的走向，所以出海的時候，很快就能找到魚群的聚集地，以及行進方向。每次傍晚出海，晚上十一點左右就能滿載而歸。雖說如此，高爸還是會把漁獲量控制在一百至一百二十隻，為的是能在當天就把捕撈到的飛魚處理起來，才不會有瑕疵品。

高爸把飛魚帶回家後，高媽就會變身成為「殺手」，開始清洗、剪飛魚翅膀和鰭、刮魚鱗、過背、去頭、取內臟分類、過水、瀝乾、撒鹽，行雲流水般的操作流程看似簡單，其實每個步驟都有眉角。

某次我帶餐廳同仁到高媽家看飛魚的處理過程，高媽隨口問我們要不要試看看，廚房夥伴們個個摩拳擦掌，結果從剪飛魚翅膀跟鰭就卡關，旁觀者笑到不行。原來，剪鰭是有角度的，找好角度才能下手。「過背」的意思，就是用刀剖開飛魚的後背，一不小心就會打滑切歪，這樣的飛魚賣相就不漂亮；加上燻烤過程中，因為厚薄不同，軟硬跟風味也會不均勻，進而影響品質。

「過水」並不是用水草草沖過就好，要仔細刷乾淨血水跟雜質，這樣可以降低腥臭味，並有效去除殘留的海洋弧菌。全部完工後，瀝水、均勻撒鹽後再次瀝乾，然後將飛魚交錯平攤擺放在托盤上，送入冰箱靜置一晚，有點像一夜干的作法，能讓魚肉緊實、風味濃縮。

隔天一早，高爸從冰箱取出飛魚，帶到山上搭建的烤架上燻烤，完成後放涼就可以收起來保存或直接開動了！

除了阿美族，臺灣很多地方都有製作飛魚乾，只是處理方式不太一樣。蘭嶼和恆春地區因為自然條件允許，大多透過日曬風乾。蘭嶼一般以懸吊式置放，而恆春則採用平面攤開的方式，接受豔陽炙烤。有些人甚至會把飛魚掛在水塔內側，但高爸認為這種方式會讓魚肉的油脂流失，魚肉呈現偏乾硬的口感。

傳統阿美族會用月桃梗或牧草來增添飛魚的風味，高爸則是透過不斷摸索的過程中，找尋自己偏好的香氣來源。他時常會到海邊挑選木頭，有時上山砍伐樹木，不管是被雨淋濕或是置放乾燥的木柴，甚至半乾半濕的也能運用，都有不同的風味特色。

高爸對自我要求很高，這麼多年過去了，他還是努力試驗不同的作法。過去他曾在桃園擔任鐵工的職務，懂得掌握火候、溫度的重要性，在燻烤飛魚的過程中，他也發揮得淋漓盡致。

日出而作、日落而息，是部落居民的日常。每個人都是斜槓工作者，隨著產季的變化，調整工作內容。四到六月的飛魚季過後，高爸開玩笑說，可以修身養性了。但是，按捺不住無聊的高爸不時上山採竹筍，或是出海捕炸彈魚做成醃漬物。年紀剛滿六旬的他對於農作物可說是樣樣精通，沒有什麼能難倒他。

聽他們回憶起過往的點滴，高媽剛嫁到部落的時候什麼都不會，看到高爸一個人處理各種事情很辛苦，希望能加減替他分擔。高爸也一直鼓勵她嘗試不同事物，從處理漁獲到各種食材醃漬，直誇高媽有天賦，才能做得那麼好吃。

為了維持家計，高媽開始學習烹飪，除了到學校幫忙煮飯，也會到我們在長濱街上的咖啡廳 Luma Cafe 幫忙。平時她還會打電話維繫過往的老客戶銷售當季產品，如醃漬飛魚卵、酸筍等。

## 汲取在地經驗，創造自己的風格

我很喜歡阿美族的醃漬物跟燻烤製品，雖然風味比較厚重，稍微調整後就是非常討喜的食材。

以高媽醃漬的酸筍舉例，跟烤肉搭配著實開胃；切成小塊後供應晝日風尚旅館的早餐，用來當作白稀飯的小配菜，別有一番風味。

每次去高家觀看處理飛魚的過程，結束後高爸都會把魚內臟丟入滾水中川燙招待我們，搭配醬油跟辣椒就是非常讚的下酒菜，吃不完的魚內臟就會用醃漬的方式保存。

前面提到的 anato 是醃漬海鮮內臟的統稱，我們曾將 anato 混合橄欖油來搭配法式餐廳供應的麵包，希望能夠更好地帶出並聚焦海鮮的鹹鮮，客人也讚不絕口。

Sinasera 24 有道經典菜色以「食物鏈」為概念創作，選用飛魚和鬼頭刀。鬼頭刀會先熟成四十八小時，脫水後的魚肉風味更加濃郁，再搭配用飛魚乾煙燻的鮮奶油，以及香草製作的酸甜凝凍。用於擺盤的圓盤經過特別挑選，能夠讓凝結的果凍在視覺上跟盤子有融為一體的感覺。

這道菜從開幕初期就一直在我們的菜單上，到了第三、第四年營運比較穩定的時候，我們會隨著時節調整所使用的香草或水果，並萃取其顏色。早春選用過山香和大黃瓜，呈現綠意盎然的樣子；春末夏初是桑椹、玫瑰的酸甜開始綻放的風格；轉涼的秋天適合筆柿跟鹽膚木那種楓葉般橙黃色的組合，有種比較沉穩的味道。其中有一季客人特別喜歡的是海埔姜跟海水的搭配。

海埔姜是一種生長在海邊的薑科植物，有著介於馬鞭草、薄荷、生薑之間的特殊香氣。取自我們餐廳附近的海水，經過過濾、殺菌後，作為萃取海埔姜的介質。

有些客人感到納悶，為什麼要那麼麻煩，用海水而不用鹽水勾兌？海裡其實有很多微量元素，是一般水無法比擬的細膩風味。既然住海邊，不免想要盡點心力，況且只是舉手之勞，就能提供給客人多一分心意。

除了海埔姜和海水之外，我們還會加入蝶豆花，讓原本清澈無色的凝凍出現紫藍色的調性，用渲染方式模仿變幻莫測的大海，好似在海上享受鬼頭刀和飛魚之間的較量。

飛魚本身刺非常多，我們試過用新鮮的飛魚魚肉，切成小丁狀，結合海菜、豆薯、酥炸的扁魚乾等，製成開胃涼菜。這道菜是我之前去澎湖釣魚的時候，用民宿主人烹調的一道家常菜發想而來。他們使用土魠、扁魚、豆薯跟海菜，然後用爆炒的方式料理，是非常開胃的下酒菜。

回到Sinasera 24的版本，添加了醋漬紅蔥頭和檸檬汁，讓酸度把海洋的鹹鮮感帶出來，清爽鮮美又開胃。

# 飛魚豆薯沙拉

## 準備材料

- 飛魚　一隻
- 粗鹽　適量
- 扁魚　十克
- 芥花油　適量
- 豆薯　二十克
- 可生食雙色海藻　十四克
- 檸檬汁　少許
- 白胡椒　少許
- 白酒醋　少量
- 紅蔥頭　適量
- 蝦夷蔥　少量
- 金蓮花　二朵

## 製作步驟

1. 飛魚去刺後以粗鹽醃漬一分鐘，過水洗淨後切丁備用。
2. 豆薯切丁、海藻切成兩公分小段備用。
3. 將白酒醋加熱，煮滾後加入切碎的紅蔥頭，再次煮滾後離火冷卻備用。
4. 熱鍋後加入芥花油，下扁魚，小火慢煸直至扁魚酥脆，起鍋後將扁魚和扁魚油分開盛裝備用。
5. 扁魚油加熱後放入豆薯拌炒，完全熱透後即可熄火，依次加入海藻、醋漬紅蔥頭、檸檬汁、白胡椒、鹽、飛魚丁。
6. 混合均勻後即可裝盤，點綴蔥花和金蓮花。

CHAPTER 07

# 把喜歡的事當作志業
# 健草農園的經營哲學

「在小小的花園裡面挖呀挖呀挖，種小小的種子，開小小的花……」開車去找錦慧姊的路上，這首兒歌在我腦海裡好像被按下了循環播放鍵，停不下來。

錦慧姊是朋友介紹的廠商，第一次吃到他們家種的作物時覺得很驚豔，就特別跑到花蓮的農場參觀。與其說是農場，更像是錦慧姊家的後花園，生菜、食用花、水果等，只要是錦慧姊喜歡的，都往地裡種。其中讓我印象最深刻的是她種的洋蔥，用炭火烤過後，甜度一下就冒出來，飽滿的汁液，不需要過度調味，是我吃過最好吃的洋蔥！但是，詢問之下才知道，洋蔥參差不齊的大小，很難賣到漂亮的價格。然而，食材外觀對我而言並不是最重要的，畢竟好吃才是重點。我主動跟錦慧姊商量，只要有好東西，不管外型好不好看，拜託都賣給我們。

與錦慧姊熟識後，得知她在一九九四年與日本籍丈夫結婚後，就到日本工作、定居。先生之前在非營利組織工作，閒暇時間會在自家陽臺種植各種香草植物。錦慧姊曾任職於水產進口公司，跟丈夫有著相同的興趣；二〇〇八年，他們一起返回臺灣，在花蓮落腳。

對香草很感興趣的夫妻倆，本想將它作為主力商品，回到臺灣一段時間後發現要以此為志業，有一定難度。香草的根、莖、葉、花、果實、種子雖有香氣，常被用於烹飪，卻是藥用植物，無法大量攝取。考量到市場可能的需求，夫妻倆決定從蔬菜開始，畢竟這是一天三餐都需要的營養食材。

每日食用，自然得是能讓人心安的好東西。因此，他們毅然決然地選擇了有機產業。一直到近幾年才開始轉移重心，增加香草的品項。

同樣品種，栽種方式的不同，會直接影響到作物成果上的表現。錦慧姊以水耕及土耕為例，用水耕養殖的葉菜看起來美觀乾淨，但能供給的營養有限，植物風味會被稀釋掉。反觀土耕種植的方式比較耗人力，蔬菜風味更加飽滿，是她偏好的類型。

決定栽種方式之後，錦慧姊跟先生開始在八分地的後花園大展身手。冬天時種植二十到三十種不同類別的根莖類植物、葉菜類型的萵苣、食用花等，夏天則讓土地稍作休息，栽種少量花草。

除了農田管理以外，錦慧姊還在花蓮美崙經營一家實體有機選物店，販售自家產品外，她也網羅周遭有機或無毒農法的商品，不遺餘力地推廣。有一陣子，錦慧姊甚至接下了花蓮重慶市場的一個攤位，每天過去擺攤。

「真的忙到要飛起來了呢！」錦慧姊感慨道，在日常田間的照料之外，還要顧店、配送，每天忙得團團轉。思量過後，決定專注在農事上，請了兩位兼職人員幫忙打理選物店，並放掉了市場的攤位。

大家都說有機好，卻是吃力不討好。有機種植需要面臨的挑戰很多，病蟲害管理就是一大難題。

不過，錦慧姊似乎並不特別擔心。她認為病蟲害無法用某一種方式完全去除，而是在每個步驟中都做一些。從土壤管理開始，在種植前翻動土壤，使其鬆軟，適合播種及種子發芽。這個動作也可有效破壞病菌害蟲的巢穴，使其暴露在地表被天敵獵食或被深埋到地底，無法繼續繁衍。她用露天栽培的方式經營，確保日照充足、空氣流通，避免潮濕環境的病菌滋生。

同樣是迷迭香或薰衣草，也有很多不同品種。種苗供應商可以提供相關資訊，然後再找適合農場環境的品種種植，是錦慧姊初步處理的方式。

選對了品種，再來就是混合不同品種一起栽種，選擇共榮和忌避作物，可以有效避免蟲害。茴香、薄荷、芳香萬壽菊、蝦夷蔥等植物會散發出強烈的味道，在一般人看來是美妙的食用香菜，卻是昆蟲不喜歡的異味。將這些所謂的「忌避植物」種植在田野間能有效驅散害蟲，許多搭配組合已是農人之間的默契，如瓜類與韭菜。除此之外，調整栽培時間、適當的輪作與間作，都是可以考慮的防治方式。

前期的防治無法抵擋所有的病蟲害，這時候就要仰賴對應的天敵。一般來說，危害作物的都是素食主義的害蟲，而其天敵皆為肉食性。遇到比較常見的害蟲，如蚜蟲、斑潛蠅、薊馬等，可以釋放寄生蜂或捕食性的瓢蟲、螳螂、蜘蛛等來應對。錦慧姊相信，就像電影《侏羅紀公園》說的，「生命自己會找到出路。」不用噴藥的方式，讓物種多樣化，有完整的小生態，它們自己會找到平衡點。

二〇一六年，政府推出了「新農業創新推動方案」，推廣有機及友善環境耕作的觀念。隨著消費者的飲食消費意識抬頭，更講究吃得有機，吃得健康。然而，隨著有機栽種的業者愈來愈多，相關單位配套措施及流程發展不夠迅速、完善，以至於有機銷售通路有限；加上少子化的趨勢，很快就遇到了瓶頸。

現在，錦慧姊常跟餐廳配合，大多是花蓮本地的店家，如日本料理店、酒吧等，偶爾會提供食用花給臺北的 fine dining 餐廳。

## 將盛夏午後的清爽裝盤

二〇二三年的秋季，長濱告別了盛夏的炎熱，吹起涼爽的風，這樣的天氣讓人食欲大增。以清新的草本風味結合微酸的調味增添些微刺激，再搭配一點生食料理，是我個人非常喜歡的季節菜色。

在家裡，或許無法跟餐廳一樣處理繁瑣的程序，所以特別準備了一道相對簡單的清爽沙拉。

# 尼斯沙拉

## 準備材料

- 紅捲萵苣　八十克
- 綠捲萵苣　八十克
- 芝麻葉　五十克
- 玉女番茄　五十克
- 四季豆　五十克
- 水煮雞蛋　一顆
- 水煮馬鈴薯　一顆
- 生食級魚肉　二百克
- 帕瑪森起士片　少許
- 鹽　適量

## 尼斯沙拉醬

- 橄欖油　八百克
- 紅酒醋　二百六十六克
- 蜂蜜　二百克
- 鹽　二十克
- 糖　二十克
- 蒜瓣　二十克
- 紅蔥頭　八十克
- 鯷魚　八十克
- 魚露　一百克

### 製作步驟

1. 四季豆川燙後泡冰水、瀝乾備用。
2. 生菜泡冰水後瀝乾、切成小段方便入口，番茄洗淨後對切備用。
3. 水煮蛋縱切成八瓣、馬鈴薯切成可入口尺寸備用。
4. 魚肉表面炙燒上色即可（快速乾煎魚肉表面也能有相似的效果。），切成薄片後撒上鹽調味備用。

5. 將蒜瓣、紅蔥頭、鯷魚、魚露放入攪碎機中打成泥狀，倒入鋼盆中，加入剩下尼斯醬的食材，並用打蛋器攪拌均勻，直至鹽、糖融化即可；可依個人口味微調。

6. 在盤中依次加入生菜、四季豆、番茄、雞蛋、馬鈴薯、起司片和魚片，淋上尼斯醬攪拌均勻即可享用，並可搭配喜歡的麵包。

**小叮嚀**

- 有水洗過或會出水的食材，需用廚房紙巾擦拭，避免過多水分殘留。
- 製作尼斯沙拉醬時，在混合過程中避免太用力攪拌而導致乳化。

CHAPTER 08

# Sinasera 24 海鮮供應擔當
# 超越生意夥伴的情誼

我還在長濱國中服替代役的那一年，炫輔是籃球教練，也是長濱街上「林家暉哥生魚片」的少東。從 Sinasera 24 一開始營運，他就是一直配合的廠商。這麼多年的合作下來，我倆早已成為無話不談的朋友。

在長濱土生土長的炫輔曾外出打拚，在物流領域做到主管的職位，後來考量父親的健康而返鄉，逐步接手家裡的事業。由於他從小就在海邊長大、在店裡幫忙，很快就得心應手。

林家的「暉哥生魚片」由炫輔跟太太，還有妹妹、母親共同經營。店裡除了品質好、份量足的盒裝生魚片，還販售各種各樣的漁獲。母親照顧店面，妹妹及太太負責網路商店及宅配，炫輔則包辦了採購、分切、對外宣傳等大大小小的事情。

他們原本做在地人生意，後來前任鄉長致力發展觀光，加上美食節目「食尚玩家」的曝光，吸引了不少觀光人潮，遊客占比成長達到七成，成為長濱街上第一吸金店家。

## 打破舊規則，翻轉新觀念

花東沿海有著大大小小的漁港，距離 Sinasera 24 半小時車程外的成功漁港，是東海岸最重要也是最大的漁港。成功鎮是黑潮與親潮的必經之地，造就了此處豐富的漁產量，每年四到八月，品種尤為多樣。進入十月後，隨著東北季風而來的是不同品種的旗魚，各大海產店也會推出旗魚風味餐，吸引食客前往。

基於這樣的地理優勢與特色，Sinasera 24在品牌定位初期就鎖定以大量海鮮入菜。話雖如此，在營運早期跟廠商合作的時候碰壁了好多次。

Sinasera 24附屬於一棟有十三間客房的旅館，在長濱算是小有規模的企業，在財會作帳上有基本的規範和要求，例如廠商需提供發票或免用統一發票收據，固定配合廠商用月結的方式付款等等。光是「月結」這點就是很多海鮮業的前輩不願意配合的，原因很直接，海鮮單價高，我們用量大，廠商需墊付的金額太大，自然不願意冒此風險。再者，法式餐廳對漁獲品質的需求，與一般海產店不太一樣，不容易跟在地廠商達到統一標準的共識。

那個時候，炫輔真的幫了我們很大的忙。

林爸爸過去曾被大客戶倒帳過，擔心舊事重演，所以拒絕合作。炫輔請我私下找他，透過他採買。剛開始是用現金付款的合作方式，隨著時間拉長，彼此之間的信任感逐漸培養起來，才重新協商改成月結。

從草創到現在，這一路上，我們一起跌跌撞撞走來，共同成長。

「很龜毛的人」，是炫輔對我的評價。

在食材與料理品質上，確實如此。放眼世界，做法國餐的主廚應該都有某種強追症吧！然而這樣的追求，在長濱地區著實不易，真的要感謝炫輔這麼多年的配合。

我們跟炫輔的合作方式，跟大多數餐廳配合的漁獲廠商互動模式不同，這要從在地漁港的營運特色說起。

大部分漁港，如日本知名築地場外市場和基隆崁仔頂漁市場，拍賣時間都是凌晨一到兩點，原因是這些貨量大的漁港，大都由大盤商批發採購，再分配到不同地區。因為有運輸時間上的壓力，所以安排在半夜三更進行。而成功漁港的漁船，是在中午前陸續返港卸貨，分成大魚區跟小魚區。大魚區主要是旗魚、鬼頭刀、鯊魚、鰹魚等體型比較大的魚種，整齊地排列在地上，用冰塊及帆布蓋著保冷；其餘的魚類、螃蟹、章魚等則歸類於小魚區，置放在藍色塑膠盒中，等待拍賣。

開始競標之前，炫輔會把當天餐廳可能會用到的漁獲，用拍照方式傳給我，等我選完後回傳。剛過正午時

間的拍賣現場，參與競拍的都是在地業者，大多是餐廳老闆或採購，有些是像炫輔這樣的魚貨銷售店家，剩餘的則是批發商。魚貨價格往往受到天氣因素及貨量影響，炫輔會依據過往經驗在第一線做判斷，在合理範圍內幫我們採買所需的魚貨。拍賣結束後，他回到長濱街上的店面之前會經過 Sinasera 24，協助卸貨後才離去。

每次換菜單之前，我都會先跟炫輔討論，了解接下來會有什麼魚，瞭解其油脂含量和風味特色等。如果碰到颱風天，漁獲狀況非常不好，他也會特別提醒讓我找尋替代方案，或是推薦可替換的魚種。

這些年在長濱，有空的時候我都會親自到漁港跟著炫輔學習關於「魚」的相關知識。雖然已經可以辨別百分之八十的魚類，多多少少會根據風向預判漁獲狀況，卻還有好多地方是需要向炫輔討教的。

我們很早就有了這樣的合作模式，卻花了好多年磨合。有一次他送來三隻鬼頭刀，剖開處理的時候，發現裡面肉都是裂開的。其實這也不能怪他，獵捕大魚的漁船靠岸之後，搬得動的會用拋的方式丟上岸，更大隻抱不動的則是用懸掛的方式吊上岸。而在移動過程中，如果不小心讓魚體敲到岸邊稜角，尤其是剛捕獲到五個小時之內的「活肉」，則會出現很明顯的瘀青，魚肉就像炸裂開一般。遇到這種情況從魚的外表是無法判斷的，只有在剖開後才能看到內傷。即便如此，炫輔並沒有任何推託之詞，隔天立刻補了三隻新的鬼頭刀，由他自行吸收損失。

每年夏季是長濱野生小龍蝦盛產的時節，炫輔會請配合的漁民幫忙捕撈龍蝦，我們再依每天餐期所需的量向他採買。那次遇到比較尷尬的情況是龍蝦大小不一，單價落差臺幣兩百元左右，這對每天需求量大的 Sinasera 24 而言，無疑是成本上的壓力。除此之外，印象中也不記得曾溝通過有兩種不同的價錢。炫輔很乾脆，當下同意以過往的價格計算，並重新對焦尺寸跟單價。

跟炫輔的合作方式一直是這樣，雙方互相體諒，他有商人的堅持，也理解我們對品質的追求。為了避免同樣的糾紛重複發生，他願意把話說開，規則訂清楚，讓這個供應鏈持續進行下去。遇到風險太大或評估產量不穩定的時候，他也不會強求，主動溝通，讓我們有時間找尋替代措施。透過跟他的合作，讓我學習提早規劃所需食材的運用。

「林家暉哥生魚片」家業傳承到炫輔已是第三代，從祖父一輩騎著野狼機車叫賣，後來開設獨立店面，到現在培養了穩定的客群，更開設了網路商店。像我們這樣配合的餐廳終究是少數，我曾經好奇地問過炫輔，跟餐廳配合的利潤空間比較大，加上龐大的需求量，為什麼不以此作為生意主軸？他表示，其他餐廳跟我們最大的不同就是地域性，光是這一點，就增加了複雜度。像 Sinasera 24 這樣位於長濱的餐廳，他只需要在回程時順路卸貨即可。可是位於外縣市的餐廳，有些會需要將海鮮做初步處理，切除內臟等避免腥臭。

再者，還有包裝宅配的問題。漁獲是否能趕在競標當天出貨，隔夜寄送的新鮮度及品質控管，以及不同店家對於包裝的需求等，都是跟餐廳配合需要考量的。實際操作面很難達到所有人的期望，或是不見得每家餐廳都能接受既有的配合模式。基於上述種種原因，炫輔會篩選合作對象，在能力範圍內服務合適的客戶。

即使生意好到不行，炫輔依舊非常謙虛，偶爾會以旁觀者的角度跟我分享公司經營的種種。平時叫貨時他有機會跟餐廳同仁互動，進而成為夥伴們的傾訴對象，像是大哥般給予建議並開導。這些年來，我和炫輔早已超出「廠商」之間的關係，我們彼此真心相待，成為家人一樣的存在，是多麼的幸運。

# 普羅旺斯烤魚

東海岸的土魠魚油脂豐厚，經過碳烤後香氣更能釋放出來，搭配濃郁鹹香的普羅旺斯醬和皇宮菜，令人食指大動，是在家裡就能製作的美味。

**準備材料**

- 土魠　三百克
- 皇宮菜　一百克
- 橄欖油　適量
- 鹽　適量
- 黑胡椒　適量

## 醬汁

- 洋蔥　五十克
- 紅蘿蔔　五十克
- 白蘭地　十五ＣＣ
- 茵陳蒿　一片
- 酸豆　十二克
- 西芹　五十克
- 蒜瓣　一片
- 白酒醋　十五ＣＣ
- 蝦高湯　一百二十ＣＣ

## 普羅旺斯奶油

- 奶油　四百五十克
- 蒜瓣　一片
- 蝦夷蔥　三克
- 檸檬汁　十五ＣＣ
- 綜合芥末　六百二十克
- 紅蔥頭　十五克
- 巴西里　十三克
- 百里香　二克
- 山蘿蔔葉　二克

## 綜合芥末

- 黃芥末　一百克
- 白酒　三百二十克
- 番茄糊（自製或買現成的都可以）　四百克
- 魚或蔬菜高湯　一百六十ＣＣ

## 製作步驟

1. 土魠魚肉切成兩公分厚度，撒上適量鹽後，碳烤至七分熟備用。
2. 皇宮菜淋上橄欖油、撒上鹽和胡椒，一樣用直火碳烤方式料理。
3. 將普羅旺斯奶油的準備食材切碎後，和奶油及芥末均勻混合。
4. 醬汁準備材料中的洋蔥、西芹、紅蘿蔔、蒜瓣切碎後炒香，加入剩餘的食材慢煮濃縮。有些微稠狀感後，即可加入普羅旺斯奶油一同混合。
5. 醬汁鋪底，放上烤土魠及皇宮菜裝盤，添加可食用花點綴。

09

CHAPTER

# 白手起家，打造臺灣蜂之王國

Sinasera 24 在尋找食材時，會優先選擇長濱在地物產。如果本地無法供應，才會慢慢向外拓展，尋找合適的產物。近期，在配合小農的引薦下，我們認識了一位養蜂職人，聽說也是長濱唯一一家登記在案的養蜂場——福氣養蜂場。

福氣養蜂場的主人好活潑，給自己取了一個洋氣的名字叫 Wilson。他是土生土長的長濱人，學過商科統計學、當過自願役、跑過業務，因緣際會下接觸到了養蜂的行業，發現蜜蜂們就像一個健全的小型社會，有階級制度、分工明確、優勝劣汰，十分有趣。

Wilson 還擬人化地給每隻蜜蜂分配角色，進而去理解牠們的生態，發現實在充滿趣味。

一開始 Wilson 用兼職的方式參與學習養蜂技巧，逐漸發展出興趣後，毅然決然放棄原有工作，全心投入學習真功夫。他每天從早到晚十二小時，月休四天，不僅悉心照料蜜蜂，觀察其生活規律，更密集製作蜂王漿，每天可以產出十一公斤的量。蜂場老闆也不吝嗇，開誠布公地分享各種養蜂眉角。

## 返鄉投入養蜂業

Wilson 所處的單位是福祉養蜂育種場，自一九九四年就在進行蜜蜂養殖研究，以推廣有機無毒養蜂及天然蜂蜜為理念，是臺灣數一數二大的專業養蜂企業。

Wilson花了快五年的時間學習，因父母年邁決心返鄉就近照顧，並在長濱打造自己的養蜂樂園。為了感謝福袓老闆的照顧，決定以「福」字輩為自己的養蜂場命名，故得「福氣」二字。

話說Wilson小時候常跑到阿公的地裡玩耍，他回憶阿公曾有兩甲多的土地種滿了百香果，每到盛產時節就會雇用他為小幫手，用毛筆刷花蕊以人工授粉，如果被蜜蜂搶先取粉，就可以小小偷懶，少刷幾朵花。他笑道：「或許跟蜜蜂的情誼，就是從那時候建立的！」

俗話說「萬事起頭難」，就養蜂而言，第一步要透過林相調查來選址。所謂林相，主要針對蜜蜂食物來源的調查，包含這個地區一年四季是否有足夠供應蜜蜂食物的來源？這些食物足夠供應多少蜜蜂的生活。花粉是蜜蜂的蛋白質汲取，而花蜜是它的熱量，只有兩者兼具且供給充足的地方，才能夠支應蜜蜂們的日常生活。林相調查可以透過人工觀察、無人機調查以及三十箱試驗性質的蜂箱實際走訪，得到結論。

選好合適的生活環境後，再來就是安置養蜂箱了。蜜蜂自行搭建蜂房的時候都是呈現標準的六角形，以最大化儲存空間。然而，若任由蜜蜂自由發揮，蜂巢會呈現不規則形狀，而非整齊平面，這對後期取蜜是難上加難。所以在養殖初期需要先製作蜂巢的基礎，簡稱為「巢礎」，讓蜜蜂在此基礎上建造王國。市面上有專門販售的巢礎，會先透過固定在框架上的鐵絲，以正負極加熱的方式將蠟製的巢礎稍微融化固定住，再整片放入蜂箱中，讓蜜蜂在既有的格式上按圖施工。

蜜蜂的蜂巢，可作為倉庫來儲存食物或當成產房。而蜜蜂的身體構造，讓它們同時擁有蠟線、蜜線、蜂王乳線及蜂膠線，能夠把攝取的蜜及花粉轉換成需要的形式。換句話說，當蜜蜂搬到新家開始建造蜂巢時，需要大量的花蜜來製作蜂蠟；待產房有蜂蛹寶寶，則會保留花蜜給幼蟲作爲食物。

一般來說，每一個養蜂場會控制在五十至八十個蜂箱。每個蜂箱最多可以有八片隔板，又被稱為「巢脾」，每脾住著兩千至兩千五百隻的蜜蜂。換言之，一個蜂箱會有大約兩萬隻的蜜蜂，一座養蜂場可以養到一百六十萬隻蜜蜂，完全就是一個小型帝國。

返回長濱兩年的Wilson，已發展出七座養蜂場，其中三座面海，另外四座在縱谷一帶，從而分散養殖風險。

## 蜜蜂助強不助弱的生存法則

蜜蜂品種萬萬種，Wilson 挑選了對人類依存度很高的義大利蜂，也就是俗稱的西洋蜂，不容易離家出走的類型。牠以母系社會結構為主，由蜂王為首，負責繁衍；工蜂皆為女子，分為青年、壯年、老年，分別負責餵養幼蟲、外出覓食、守衛家園；雄蜂占極少數，整天無所事事，到處亂晃，等待牠們被教召的時刻。每一隻蜜蜂的宿命，是從牠出生的那一刻就已決定。

蜜蜂的產房有兩種，養育工蜂和雄蜂的是一般蜂巢，開口面朝左右兩側；而蜂王的產房稱為王臺，開口朝下。蜂王在產卵的時候，會依巢型決定產下的幼蟲是平民還是儲君。平民會被工蜂餵食蜂蜜，而儲君被餵食蜂王乳，直到發育完成。

蜂王產下的蜂卵會垂直進入蜂巢，經過三天的發育，蜂卵會慢慢傾斜直至躺平化水。所謂「化水」，是養蜂人的通用術語。蜜蜂屬於變態的昆蟲，產出的卵經過三天會破蛋而出成為蜂蛹，這個時候工蜂會喂食蜂王乳，讓蜂巢看起來濕濕的像化成水一般。此時，工蜂會用蜂蠟將產房封蓋，靜候幼蟲成長羽化。不同階級其成長所需的時間有所不同，蜂王只需要十五天，工蜂需要二十一天，而雄蜂歷時二十五天才會羽化。

「蜂王出巢的時候會有開罐器開蓋的感覺，」Wilson 不禁感慨：「其他的都不會！」

率先羽化的儲君會找到尚未羽化的競爭者並摧毀其巢穴，以保障自己的地位。若有多隻儲君同時羽化，牠們會相互殘殺，直到剩下最後一隻王位繼承者。倖存下來的王者會飛離原本的家園，往高空前進，所釋放的費洛蒙會吸引周遭的雄蜂追隨。「這樣的行爲被稱爲『婚飛』，不會在原本巢穴中進行，因爲蜜蜂不會跟近親繁衍下一代。」儲君會不斷往高空前進，以此排除無法追隨的雄蜂，最後還能跟上的二十隻將會成爲被寵幸的一員，這些入選者擁有相對身強體壯的健康基因。

蜜蜂的生殖器跟腸子是連在一起的；也就是說，雄峰履行完傳播接種的任務後就會殉情而亡，而受孕的儲君可以活三至五年。婚飛是一輩子中唯一一次交配的機會，足以讓牠們在後半輩子不斷產卵。

蜂王第一次離開家園是為了繁衍下一代而進行的「婚飛」，第二次可能的離巢稱為「分飛」。其中一個原因，是當一個巢穴的蜜蜂超過可容納數量，太過擁擠時，老蜂王會帶一小部分的工蜂離開家園，尋找新的環境落腳。而這樣的行為對養蜂而言是極大的損失，所以養蜂人必須有辨別能力，在蜜蜂離家出走之前，為牠們做出合適的規劃。

蜜蜂之間的運作就像一個健全的小型社會，有勤懇工作的上進分子，也有好吃懶做的月光族。在蜂巢過於擁擠之前，Wilson會判斷，哪個蜂箱的採集能力好、繁殖能力強，懂得省吃儉用，就是重點關注的對象。

當 Wilson 覺得某個蜂箱的蜜蜂數量快達到飽和時，他會趁著夜深人靜的時候，把新的蜂王跟一小部分的工蜂帶離原本的住所，原則上三公里遠，這樣不會有飛回來的問題。

為什麼是晚上做這件事？Wilson 解釋，蜜蜂有調節溫度的能力，平常在蜂箱中維持攝氏三十二度C左右。但當牠們緊張的時候會散熱，可能達到四十五度C的高溫，這樣不僅會融化蜂蠟，也可能讓蜜蜂致死。晚上是牠們睡覺的時間，比較不會緊張，所以才會在晚上進行轉場的動作。

除了分箱之外，也會併箱。

「如果你仔細觀察每隻蜜蜂，會發現有些在裝忙。」他說，這樣的行為並不被鼓勵。這個時候，就會把兩個蜂箱的蜜蜂合併到同一個蜂箱，拿掉原本的蜂王，其費洛蒙會慢慢不見，工蜂一開始會焦躁，半天過後就會好了。合併之後的蜂群會相互督促，減少偷懶的行為。

## 養蜂人才知道的祕辛

Wilson 養蜜蜂跟我們做菜一樣，需要遵循著二十四節氣。蜜蜂喜歡十六度C～二十八度C的溫層，氣溫跟牠們的活動力息息相關，每到夏至、冬至是養蜂的困難期。

尤其在冬天的時候，小蜜蜂會抱團取暖，而成年工蜂會伸展翅膀，透過震動來提升胸腔的溫度，繼而溫暖整個蜂巢。除此之外，透過增加隔板保溫、將蜂巢內的框架距離縮小，用報紙擋住洞口避免東北季風灌入等人工方式，都可以讓蜜蜂保暖不失溫。

每逢春秋，則是蜜蜂繁殖的旺季，被養蜂人稱為「春繁」及「秋繁」，這時分家情況最嚴重。往前推一個月，要確保蜜蜂有足夠的食物來源，才能保障家族的興旺。如果蜜蜂缺糖要人工補充糖水，缺粉則用花粉盒幫忙收集或提供替代品，如豆粉及糖的混合物。只有足夠的能量來源，蜜蜂才能產出充足的蜂蜜、蜂蠟，以維持整個家族的運作。

除了天氣，天敵們在蜜蜂的生活圈也扮演重要角色。中華大虎蜂是世界上最大的蜜蜂，專吃其他蜜蜂的蜂蛹。為避免殘害到自己的蜂群，不能下藥，只能人工捕捉並踩死。比較凶殘的虎頭蜂，是每年端午到中秋凶狠的捕食者，時常襲擊蜂巢，對養蜂場造成毀滅性傷害，一直到十一月底才會遞減。

有著「蜜蜂瘟神」之稱的蜂蟹蟎，則是另一個讓養蜂人頭痛卻無可奈何的問題之一。蜂蟹蟎會寄生在蜜蜂身上吸血，並趁著蜜蜂返回蜂巢的時候躲進巢房中，吸食幼蟲和蜂蛹的體液存活。如果用一般的農藥或殺蟲劑會導致至少二十天無法採蜜，還好 Wilson 找到一款百里酚，是歐洲進口、有機認證的精油，雖說不能達到全滅的效果，至少能保證部分蜂巢的健康，也避免蜂蟹蟎抗藥性的問題。

假使蜜蜂躲過了溫度變化的災害跟天敵的干擾，還是得保證自身健康，不然很快會被顧家的工蜂們掃地出門。「晚上就是清理門戶的時候，」Wilson說道：「一大早來查看蜂箱的時候，都能看到被趕出家門的蜜蜂，牠們連飛行都困難，很快就會死掉。」

聽著Wilson分享的種種，不僅感慨養蜂真是一件難事！他卻回應：「更難的是，你在跟蜜蜂搶東西吃。」

蜜蜂帝國的興盛，是依賴工蜂出門採蜜、採粉，以築巢、餵養下一代的成果。連成年蜜蜂都得倚賴花蜜及花粉來產蜂蠟、蜂蜜及蜂王乳，偶爾還需要養蜂人介入，以補充糖水、粉類。所以只有當這個蜂巢欣欣向榮，能夠產出比日常所需更多的蜂蜜時，Wilson才能收集、處理並販售。

## 自然療法的天然好物

蜂蜜被認為是大自然贈予的天然糖漿，營養好吃，還促進腸胃蠕動、抗菌消炎。市面上的蜂蜜口味不同，例如龍眼蜜偏濃、甜度高，荔枝蜜和月桃蜜的酸度比較突出，不那麼甜膩，這些區別都是花蜜本身的特性。

剛採集完的蜂蜜被稱為「生蜜」，口感黏稠，香氣充足；經過低溫去水濃縮，便能更好的保存。一般蜂蜜的保質期是三年，隨著時間流逝，所含的澱粉酶會相繼遞減，失去原有的藥效。

同樣產自於蜜蜂的另一個品項，是乳膠狀的蜂王漿。能夠孕育出統領一個帝國君王的食物，蜂王漿的營養成分自然比蜂蜜來得高，功效也更多元，包含降低心血管疾病風險、緩解更年期或經前症候群症狀等，口味酸澀辛辣，是許多人崇尚的保健品。當然，也因為其生理活性，是某些人的過敏來源。

蜂卵需三天即化水，要收集蜂王乳，就只有四十八小時和七十二小時這兩個窗口。第二天的蜂王乳相較於第三天比較沒那麼辛辣，更好入口，抗氧化的癸烯酸也較多。因為產量較少，單價比第三天的高出三成左右。

Wilson 過往在福祉學習製作蜂王漿的經驗，很快就派上了用場。

那天去參觀 Wilson 的養蜂場，他向我們展示取蜂王漿的過程。削蠟、把蜂巢中的還沒有完全成形的蜂蛹夾出，用小勺子挖出蜂巢中的蜂王乳，並集中放置。全部都處理完後，把採乳框清理乾淨後，就能再用移蟲針放入新的蜂卵。

跟 Wilson 閒聊之間，得知他未來想發展觀光，甚至推出打工換蜜的新型工作機會。我也希望用料理的方式，讓更多人知道它的魅力，與取之不易的過程。這道食譜用到蜂蜜及蜂蠟，是我個人非常喜歡的嶄新風味組合。

# 鹿肉蜂蜜溫沙拉

**準備材料**

- 鹿肉菲力（可生食級）　二百克
- 蜂蠟　適量
- 杜松子粉　適量
- 鹽　二十五克
- 茭白筍　二百克
- 油菜　二百克
- 油菜花　裝飾
- 蜂蜜　適量
- 奶油　適量
- 水　一千CC
- 黑胡椒　適量

**Comté 康堤起司醬**

- 白葡萄酒　一百克
- 雞湯　四百克
- 鮮奶油　一百克
- Comté 康堤起司　一百五十克

**製作步驟**

1. 將鹿肉的筋膜用刀剔除。
2. 鹽巴和杜松子粉混合後，均勻塗抹在鹿肉上醃漬，靜置一天後淋上蜂蠟，懸掛在通風處。
3. 五天後取下熟成的鹿肉，用小鏟子去除蜂蠟，取出鹿肉後切丁備用。
4. 水加入二十克鹽煮滾後放涼，將油菜放入鹽水中，真空後冷藏靜置。一週後取出油菜，瀝水後切丁，再過清水一次，瀝乾備用。（如果沒有真空機，可將袋子慢慢放入水中以排除空氣，並將開口處確實綁緊以防空氣進入。）
5. 白葡萄酒加熱直至煮滾，在液體表面點火，讓酒精快速揮發保留酒香。火焰停止後加入雞湯繼續煮滾，關火後加入鮮奶油和 Comté 康堤起司攪拌均勻備用。

6. 小火熱鍋，加入奶油及丁狀茭白筍拌炒，離火加入百花蜂蜜，以及適量鹽、黑胡椒調味。

7. 加入鹿肉及油菜，繼續加熱拌炒，直到鹿肉表面上色。

8. 以碗盛裝，先放入 Comté 康堤起司醬，再加上拌炒完成的鹿肉溫沙拉，撒上杜松子鹽，並以油菜花裝飾即可。

**小叮嚀**

鹿肉也可替換成牛肉。

CHAPTER 10

# 退休職人以傳統古法製作的
# 柴燒黑糖

每一年，我都期待著炒糖季節到來。

引擎聲轟隆隆作響，在長濱寂靜的早晨顯得格外宏亮。此時，年紀已快步入七十的阿貴伯，正將鐵馬上的甘蔗送入榨汁機中。

農莊裡，大顆大顆的蔗糖泡泡翻滾著，旁邊是堆成小山的甘蔗山，空氣中瀰漫著碳烤地瓜的香甜風味，伴隨著阿貴伯悠然自得的工作身影。

每逢農曆年前後，阿貴伯就開始他的炒黑糖生意。更精確一點地說，在農曆十一月到十二月之間，甘蔗花凋零後，代表甘蔗熟成，當地農民會砍下來集裝在小卡車上，再載到這個黑糖農莊。

放眼望去，裡面的設備，全是由阿貴伯親手設計、打造，甘蔗榨汁機、過濾器、儲水池、鍋爐等，應有盡有。多才多藝的阿貴伯，為何會踏入這個行業？這要從他小時候說起。

日治時期的糖廠多為國營，或需經過層層篩選申請執照，生產的糖也多半出口至日本。阿貴伯的爸爸是新竹客家人，跟來自南投的媽媽婚後從臺中搬到長濱，以種植香蕉為生。與大多從南投遷來的新移民一樣，為了更好的生計而轉行加入糖廠，這一做就是半個世紀。

阿貴伯從國小就在家中幫忙，他回憶民國五十幾年的時候，大家都在種甘蔗，全部都是賣給糖廠。那時候還沒有實施戒嚴，如果偷吃甘蔗是要被罰錢的。就在這樣的歷史背景下，阿貴伯在糖廠學習了日本人的炒糖技術。十九歲的時候，他離開家，到宜蘭打拚。

年輕氣盛的阿貴伯到宜蘭修理廠從學徒做起，不管是打田機或鐵工，樣樣精通。後來他回到長濱，展開了鐵工生涯，從新住民到在地生根，組成了自己的小家庭。

吃鐵工這一行飯靠的是年輕體力活，阿貴伯在二〇一一年的時候決定退休。閒不下來的他，決定將上一輩留下來的田地繼續耕作。起初種植甘蔗是給自己的家人和親朋好友享用，後來收成好，才開始將多餘的甘蔗煮成黑糖，重拾炒糖技藝。

藉著鐵工的優勢及過去在家裡幫忙的經驗，阿貴伯很快就發展出一套生產黑糖的流程，所需器具則透過自行設計，持續改良，成為今天我們看到的樣子。

要想炒出品質好的黑糖，也得看天吃飯。

我來長濱之後，每年冬季尾聲都會拜訪阿貴伯，關心今年的產量。二〇二一年屬於比較乾旱的年份，三個多月沒下雨，甘蔗長不大，以往約莫一月份就開始炒黑糖，只能延後，讓甘蔗再多長兩個月。待甘蔗熟成，甜度夠高，阿貴伯就會聘用當地的壯丁協助砍甘蔗。阿貴伯常常天沒亮就起床，摸黑來到農莊準備炒糖事宜。

炒黑糖的第一步驟是榨汁。將一根根白甘蔗從小卡車上卸下，再放入榨汁機中。碾壓過的甘蔗渣順著出渣口掉落，累積成一座座小山丘。這些看似無用的甘蔗渣可透過堆肥回到田裡，為隔年的甘蔗提供養分。榨出的汁液經過阿貴伯自製的過濾系

EX35

統，透過導管集裝在懸吊的桶子裡。

每年因為雨水量不同，使得所灌溉的甘蔗甜度不同，平均六十公斤的蔗汁能熬煮成十三公斤的黑糖。當雨量不足、甘蔗較為不甜的時候，需要透過更濃縮的方式取得黑糖，所得產量約莫十一公斤。相反地，若蔗汁甜度高，則可以炒出十五公斤左右的黑糖。而這些全靠阿貴伯多年的經驗評估。

一鍋蔗汁從熬煮到起鍋需要約四個小時，為了更有效的產出，農莊備有四個大鍋，錯開時間差，同時加熱。阿貴伯會透過肉眼觀察熬煮泡泡的顆粒大小來判斷進行到哪一個階段。一開始沸騰的時候，鍋面冒出持續膨脹的小顆泡泡，有點像一般家裡煮麵的樣子。為了避免溢出，會開啟旁邊的風扇持續吹拂，偶爾攪動鍋內液體，確保加熱均勻即可。

加熱三個小時之後，這時顆粒會慢慢變成像牛眼一般的大小。蔗汁已經變得相對濃稠，攪拌的頻率也要同步提高，避免沾黏。持續翻炒半個小時左右，會發現有焦糖的香氣冒出，表面的顆粒像拳頭般大小。與此同時，阿貴伯就開始展現驚人的技能——徒手伸進高溫蔗糖中，迅速勾起一絲，浸泡於冷水中。將快速結塊的黑糖放入口中，慢慢融化，甘蔗的香氣立刻充斥在口腔裡。

原以為這樣就可以了，阿貴伯搖搖頭，示意還沒好。

等待片刻後，阿貴伯再次將手伸入進鍋中。

「嗯？這次的口感不一樣！前面的是非常柔軟細膩，第二口更為軟嫩，像麥芽糖一般，還有些許碳烤地瓜的味道。」阿貴伯繼續翻炒著。第三口，黑糖帶有微微的脆度及硬度，咬下去帶有黏牙的口感。「這樣就可以起鍋了。」阿貴伯一邊說，一邊與幫手將鍋子移動到一處冷水盆上，說：「目測只能評估到一定的黏稠度，用吃來決定起鍋的時間點是最準確的。」

起鍋後要先靜置於冷水上停頓一回，才能避免燒焦。些微冷卻後，再將煮好的黑糖倒入長方形不鏽鋼槽中，然後用鏟子將液體平鋪開來，快速散熱。離開熱源的黑糖會慢慢凝固，結成塊狀。

「為什麼不用風扇來冷卻？」我提出了疑問。

阿貴伯解釋道，用電風扇吹會讓水氣進入。如果條件允許，在冷氣房中冷卻可以更快速。但因為這些都是他獨自一人作業，產量有限，自然冷卻就可以了。

鋪開冷卻後的黑糖表面看起來沙沙的，待完全放涼後，用鏟子沿著鋼槽邊緣用力推，方能將結塊的黑糖鏟起。看似輕鬆的一步，卻很需要技巧呢！同行的人一個個下去試，不是鏟不起來，就是鏟不乾淨。阿貴伯笑笑，接過鏟子繼續工作，鏟起來的黑糖，大小不一。於是，阿貴伯拿起剁刀，快速地將大塊的黑糖敲成小塊狀，完成後再用篩子將顆粒跟塊狀的黑糖分批出來。

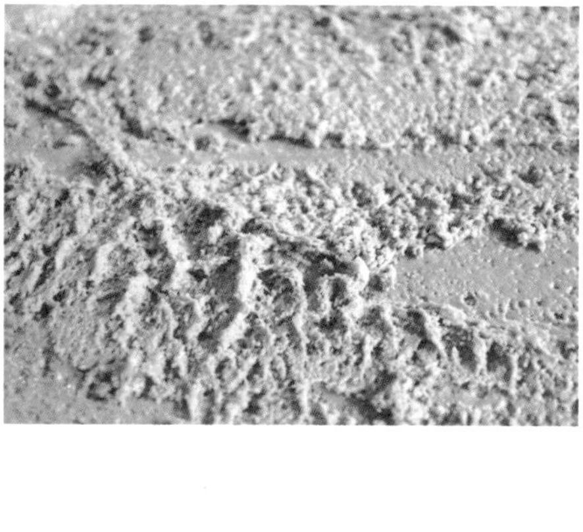

## 黑糖入菜，顛覆味覺

看著阿貴伯徹底發揮職人精神的操作，一系列的風味組合也慢慢浮現在我的腦海中。

從蔗汁到黑糖，整個炒糖的過程風味都在變化，我思考著：「是否能選取特定階段的狀態進而體現在料理中？」一般黑糖跟甜點的搭配屢見不鮮，我們曾將阿貴黑糖做成冰淇淋，再以苦茶油點綴風味；用黑糖取代一般砂糖來調味菜色並不突兀。作為遠在臺東的餐廳，我們要做出有別於一般都市餐廳會有的風味搭配。用海鮮結合黑糖的料理，不單純在調味上，我希望黑糖也是主角之一。

挑選甜美鹹鮮的文蛤，些許加熱，待其微微開口後立刻取出，讓蛤肉呈現飽滿多汁的狀態。將新鮮櫛瓜切成小丁，讓其清脆的口感跟文蛤呈現反差。然後將黑糖跟乾燥櫛瓜熬煮，激盪出發酵甜味，淋在上方，最後插上沿海石頭縫中的野生茵陳蒿。

茵陳蒿是一種帶有藥性的草本類植物，剛入口的時候會有檸檬皮般的清新香氣，整體搭配起來，鹹甜融合，再佐以絲絲香氣，一道開胃菜就完成啦！接下來，我們用貝殼形狀的器皿呈現，希望讓食客感受長濱依山傍海的豐饒之美。

# 柴香黑糖蛤蜊

## 準備材料

- 蛤蜊　六顆
- 櫛瓜　一根
- 生薑　二克
- 野生茵陳蒿　適量
- 核桃油　少許

### 黑糖醋

- 水　八百克
- 原味黑糖　一百克
- 水仙醋　一百三十五克
- 馬玉蘭　八支
- 鹽　十克

## 製作步驟

1. 取半根櫛瓜切一公分的厚片，用烤箱以八十五度C烘烤六小時備用。
2. 黑糖醋中的材料混合，將烘烤過後的櫛瓜片泡在液體中。靜置一小時後，濾出備用。

3. 蛤蜊清燙開口後，撈起泡在冰水中冷卻取肉。
4. 新鮮櫛瓜切成小丁狀，拌入新鮮的生薑碎末。
5. 裝盤：櫛瓜丁鋪底，將蛤蜊肉交錯擺放，淋上黑糖醋、少許核桃油，並以茵陳蒿點綴。

這麼多年來，阿貴伯在長濱耕作以及生產好品質的黑糖，在大家口耳相傳下，吸引愈來愈多人購買，也為他帶來事業第二春。不過，隨著年歲漸長，曾經一天十幾鍋的產量慢慢縮減，現在一天為六至八鍋。阿貴伯回憶，過去最多一年可產九千斤左右的黑糖，現在只有約一半的產量。

從木柴準備、甘蔗種植、炒糖，到最後的包裝、販售都一手包辦的阿貴伯，膝下育有三女，老二宋宥徵曾在北部工作，前幾年為照顧父母而返回家鄉，也曾在Sinasera 24任職餐廳經理。

為了分擔父親的工作，宥徵接下對外行銷、買賣的角色，讓阿貴伯專心炒糖。即便如此，孝順的她還是會三不五時叮嚀父親注意身體，也勸說他放棄炒黑糖這樣的苦力活。不過，倔強的阿貴伯還是會偷偷上山監工，堅守崗位。

CHAPTER 11

# 走進達仁鄉頭目的後花園
# 享受一場花鰻饗宴

這天，我來到達仁鄉的土地上，拜訪台坂部落頭目的「後花園」。

黑灰豹紋的小貓咪在我鞋子上打滾，充斥在鼻腔的是帶有寒意的微風，以及芬多精若隱若現的味道。

二〇二二年，臺東慢食節以海洋飲食文化為主題，重新定義「臺東海味料理」，以市集形式特別邀請了三十六個攤位，分別由在地料理人、農友、生產者、海洋環境教育組織、食育團體共同響應，其中最讓我驚豔的，非尤家農場的大圓葉胡椒鰻魚湯莫屬。

吃起來有「土味」，是一般人對鰻魚的既定印象，所以一般餐廳都會用比較厚重的醬汁或調味去掩蓋這樣的異味。而尤家農場製作的清湯絲毫沒有這樣的味道，大圓葉胡椒細膩辛香跟鰻魚一同熬煮的湯頭，清甜淡雅，鰻魚肉質純淨、甘甜，膠質豐富，實在美味。讓我不禁感到好奇，是什麼樣的環境才能養出這樣的鰻魚？

在臺東大學鄭肇祺老師的引薦之下，向我介紹了鰻魚背後的養殖專家，姓尤名國榮，排灣族名 Kiyac，出身於

頭目家族，現在已是排灣族Kaingau部落領袖，而頭目也大方說起鰻魚養殖的緣起。

一直以來，排灣族就有在河口捕撈魩仔魚、在溪流中設置陷阱捕捉鰻魚的傳統。靠海吃飯的漁民時常會捕獲到鰻魚苗，早期頭目會不定期向他們採買魚苗，嘗試培育，試了近十年都沒有成功。後來才知道，河口是海水跟河水的交界處，這邊的魚類沒有經過馴化就直接放入淡水中，無法生存。另一方面，河口處有不少石塊，在捕撈過程中難免會有碰撞，造成傷害，難以存活。幾經輾轉，頭目找到一家位於臺南販售魚苗的店家，向他購買筷子一般細長的魚苗，才開啟了他的養殖生涯。

臺灣比較常見的三種鰻魚分別是日本鰻（又稱白鰻）、黑鰻及花鰻，其中又以白鰻的市占率最高，但魚苗大多在花蓮以北地區。頭目選擇花鰻作為養殖品種，因為刺較粗大好處理、膠質豐厚Q彈，跟部落地區河裡的野生鱸鰻是類似的品種，較好培育。不同的是，花鰻喜歡昏暗、可躲藏的住所，經常藏在石頭縫底下，所以頭目特別在溪流邊建造了四個水泥池，置入石塊與水管，讓花鰻安心躲藏。

為了提供健康的生活環境給花鰻，頭目特別接引山泉水至養殖池中，作為肉食性的鰻魚。從頭目過往的養殖經驗來看，流動水中自然生成的青苔及礦物質，也可以是花鰻的主要食物來源。緊鄰溪流的水池，吸引不少野生青蛙至此產卵，孵化的蝌蚪則是花鰻的蛋白質來源。

生命力頑強的鰻魚，只要有足夠的活動空間就能健康成長。每池兩百平方米的空間，一般可以飼養到一千尾的數量，頭目堅持控制在兩百到三百尾。冬天時水位拉高，讓鰻魚在池底保暖，不怕熱的牠們在夏天則可自在活動。

我特別詢問頭目，為什麼他飼養的鰻魚沒有土味？

他回答：「病從口入。」一般養殖場所用的池子會以土鋪底，如養殖密度過高、投餵過多，吃不完的飼料會沉澱，結合土壤發酵，從而培養菌種，影響養殖池的水質。而他用的水泥池至少每三個月清洗一次，加上低密度養殖，引入清甜的山泉水讓池子內的水跟鄰近的河水一樣清澈，以純淨生活環境和餵養方式來改變鰻魚的體質，杜絕土味及飼料味。

## 披荊斬棘，打造後山橄欖園

別看頭目把花鰻養得那麼好，他對橄欖也有深入的研究。

早在頭目開始接觸養殖前，他曾在大溪、台坂、土坂、太麻里擔任警察，獨自拉拔五個兒女長大。為了改善家中經濟，頭目開始研究橄欖。

「姊夫說吃橄欖很好，所以就開始種了！」頭目回憶道。

其實臺東比較出名的產物，除了紅烏龍、紅藜、夏雪芒果以外，橄欖也是其中之一。有著「生命之樹」美譽的橄欖，適合生長在海拔較低的區域，位於中央山脈南端、屬於丘陵地域的達仁鄉，就完美地符合橄欖所需的生長條件。

在頭目剛開始接觸橄欖的那年，正是太麻里農會及鄉公所推廣南洋橄欖、梅子等作物的時期。

橄欖對環境的適應力很好，不太受氣候的影響，他說：「那時候想，如果做得好，退休後就不用愁了！」誰知道人算不如天算，一九九一年初，農產業開始沒落，加工廠紛紛遷移到東南亞，十二公頃的山頭滿是純熟的橄欖，竟然找不到適合的蜜餞工廠接手處理，把頭目給急壞了。

他跑到臺東市電信局去翻電話簿，一家家打電話問，花了一整天，終於找到一家位於苗栗的工廠可以幫忙。寄送樣品過去後，得知加工廠對橄欖尺寸有一定的要求，只能處理一半左右的產量。頭目還特別翻山越嶺，到苗栗跟加工廠老闆討教橄欖相關知識，包括嫁接枝條、如何讓果實長得更大更好等，受益良多。這樣的合作持續了五年左右，隨著工廠老闆離世，才換了另一家合作廠商，前後加起來約十年的時間。

早年政府有補助橄欖跟芒果栽種屬造林，加上果實販售的收益，持續維持尤家農場的營運。後來政策變更，失去了補助，頭目開始思考其他的加工方式。曾經想過製作橄欖酒，不過考慮到相關的營業執照、稅收等，才把方向定調為橄欖醋及橄欖汁。

「那時候不知道要殺青，直接用糖下去做，出來的橄欖汁又酸又澀又不香，喝過的朋友都叫我不要做了。」他說，後來看資料，反覆試驗、改良之後總算做出點像樣的東西了。「但是賣得不是很好。」頭目說，位處部落，那時候資訊又不發達，很難找到通路，曾經感到心灰意冷，不想做了。

因緣際會下，他認識了鄭肇祺老師，帶他去參觀橄欖園，才有了後來臺東大學人文創新與社會實踐計畫，進入台坂村展開共學共作。因為這樣的合作，開啟了多樣化的學習與宣傳，師生協助頭目重新申請食品檢驗、設計產品包裝，並在不同活動上進行料理展演、品飲開發和行銷。

二〇二二年的臺東慢食節，是他們第一次對外的活動。

有著豐富資源與生態的尤家農場，不只有花鰻和橄欖，籐心、芒果、毛蟹、葛鬱金、蕗蕎、豇豆等都是頭目的用心良苦。現在更開設了導覽行程搭配花鰻饗宴，等你一同參與其中！

我在臺東慢食節喝到的大圓葉胡椒鰻魚湯的胡椒葉，也是在河流邊培育成長的。頭目解釋，一般只有在半日照、比較潮濕的地方才會有山胡椒葉。不容易移植的品種，因為跟花鰻隔著一條溪流一同生長，所以一同熬煮，風味最美好。

基於這樣的因緣，在拜訪頭目後沒多久，Sinasera 24向他承包了那年的全數產量，用於夏季的菜單中，讓饕客有機會品嘗令我震撼的美味。

長濱跟台坂部落距離兩個半小時的車程，頭目擔心宅配無法即時配送，影響花鰻品質，時常親自為我們運輸。開著小貨車，帶著氧氣筒及活跳跳的鰻魚一路向北前進，交貨後再孜孜不倦的返程，來回五個小時，他的敬業精神實在讓人佩服！

為了向他致敬，我特別準備了Sinasera 24版本的大圓葉胡椒鰻魚湯，希望大家會像我一樣喜歡！

# 大圓葉胡椒鰻魚湯

## 準備材料

- 花鰻　一隻
- 大圓葉胡椒葉　四片
- 生薑　三克
- 水　一千ＣＣ
- 米酒　十克
- 鹽　適量
- 黑胡椒　適量

## 製作步驟

1. 將花鰻浸泡在冰水中，待其昏厥後去頭、去魚翅、去骨，並用廚房紙巾把黏液擦掉。

2. 取下的鰻魚骨放入水中，加入大圓葉胡椒葉、薑片和米酒，一起用小火熬煮兩小時，過濾後加入鹽及胡椒調味。

3. 鰻魚肉撒上些許鹽後用保鮮膜捲起，清蒸半小時，直至魚肉中心熟透。

4. 取下保鮮膜並將鰻魚卷切成兩公分厚度，即可加入稍早熬製好的清湯，並點綴些許新鮮胡椒葉即可享用。

CHAPTER 12

# 從偏鄉走向國際，挑戰無限可能

# 芒果界的LV

Sinasera 24不定期會安排產地之旅，讓同仁有機會深入食材產地，與負責窗口或是相關專家交流。對外場工作人員而言，有助於和客人互動；對內場來說，也能更好地認識每天在廚房處理的食材，包含風味來源、處理的方式等。

盛夏時節，我們安排了一天出門探訪臺東的太陽農場。農場主人是第三代的游鈞超，他有著粗粗的眉毛、縈繞在髮間的銀絲，給人的第一印象就是始終笑咪咪。交流期間，他不時接聽電話，偶爾分派任務，明顯感覺得出有各種忙不完的事，但看似從容地處理著一切。

太陽農場種植著各種作物，比較早期是水稻、甘蔗、釋迦等臺東常見的農作物，近年則是木鱉果、芭樂、紅藜等，其中最受矚目的是「夏雪芒果」，被美譽為「芒果界的LV」。

夏雪芒果是由高雄農改場於二〇〇八年培育出的新品種，名字涵意為「如同夏日降下雪花般稀有」，可見產量之珍貴。它集結不同品種芒果的優勢於一身，有愛文的細緻口感、土芒果的濃郁香氣，以及金煌芒果的甜度。金黃色的果皮加上果肉率高，這些特色讓游大哥的父親游滄富吃過一口後就決心購買品種權，並在第一年毫無經驗及銷售通路的情況下種植了五公頃，可見他對夏雪芒果深具信心。

## 晉身為臺東果物代表

臺東一直以來被認定是荖葉及釋迦的主要產地，來回臺東路上都能看到沿路販售釋迦的攤位。

游大哥回憶道：「十年前沒什麼人種芒果，二〇一六年強颱尼伯特侵襲之後，才開始有變化。」尼伯特是臺灣近六十年來少見的最強風暴。據統計，那次尼伯特肆虐讓臺東縣損失了二十億元，包含房屋設施、農園的重建工作等。

在這樣的背景下，游爸爸接觸到夏雪芒果，也就是高雄三號。當時芒果的產地大多在南部，以屏東為主，農民大範圍地種植愛文芒果。夏雪芒果剛上市的時候，農改場原本以為會在南部縣市發揚光大，但因為夏雪有品種權需另行付費，加上原本栽種芒果的果農沒有意願改種，以至於沒有機會被廣泛種植，也逐漸被市場遺忘。

除了上述原因，游大哥指出夏雪跟愛文在種植上的區別，「屏東種植愛文芒果的技術非常成熟，卻不適用於夏雪芒果。」原來，愛文芒果可以做產期調整，用後段熟成的方式安排採收週期，但夏雪芒果必須在欉黃，也就是七分熟再採摘。若是透過催熟的方式，酸甜比例就不完美，無法展現該品種的風味特色。也因為「在欉黃」的需求，夏雪只能靠人工採果，用肉眼判斷熟度及狀態。換言之，約莫六十天的產期表示果農需採收六十次，這對早已習慣愛文芒果特性的果農來說，真的是天方夜譚！除了增加採收複雜度外，對於包裝、運輸等也是一大考驗，大幅提升成本，吃力不討好，果農自然不願改種。

游爸爸決定引進夏雪芒果後，計畫性地承租土地，建立起十二公頃的基地，並向高雄農改場學習相關技術。

夏雪開花數量跟著果數量都很高，雖說如此，為了讓消費者吃到果粒飽滿、好品質的芒果，太陽農場會透過修剪疏果的方式，淘汰授粉不完全、畸形的果實，這無疑會影響產量，間接增加成本。但正是這樣的堅持，農場從來不缺回頭客。一開始的銷量不是太好，客人不明白為什麼會賣這麼貴，但只要吃過就有回購率，會想買來送人。

二〇一七年，夏雪芒果有了一定的產量可供應市場，農委會水土保持局臺東分局與臺灣好農合作，透過網路的行銷，讓更多人認識它。

二〇一八年水保局與臺東縣政府配合，召開媒體記者會，針對高雄三號的特色廣為宣傳，把「臺東」跟「夏雪芒果」連結在一起，有了更明確的定位。縣政府還製作了臺東專屬標章的貼紙作為防偽標示，保護合法栽種者的權利，也幫助消費者辨別正確的商品，奠定了「夏雪芒果是臺東特有產物」的印象。

過去臺東農產大同小異，如果農產品滯銷，對家家戶戶都有影響。吃檳榔的人數逐年減少，釋迦無法外銷到中國大陸，夏雪芒果對果農而言是一個轉換跑道的好選擇。夏雪芒果本身有專利權，所以不需要擔心大家會一窩蜂地投入生產，避免「量多價跌」的命運。

## 夏雪芒果的美味祕訣

夏雪芒果美味的祕訣，自然和臺東好山好水的生長環境脫離不了關係。太陽農場種植芒果的田區地處平原，以海岸山脈流淌的卑南溪水灌溉，加上日照時間長，有助於風味層次的生成。

「芒果甜度可以透過肥培管理來控制，風味的累積卻需完全依賴日照。」游大哥繼續分享：「之前有一年的四月陰天沒太陽，很可惜地，那年芒果就不好吃。」

除了看天吃飯外，後天的照顧同樣重要。游大哥強調品牌有五大堅持，包括去蕪存菁、草生栽培、在欉黃、人工選果、新鮮直送。所謂「去蕪存菁」就是在果實成長初期，透過疏果的方式淘汰不良品，讓每一枝條保留一至兩粒芒果，讓營養美味更集中。草生栽培是讓果樹之間的原生草種可以自然生長並加以管理，透過自然養分累積來平衡土壤生態。以夏天而言，每次割草能夠維持二十天左右，跟殺草劑能維持兩個月的效率比起來，不僅增加人事成本，也損耗更多時間。但是風味上的區別顯而易見，用草生栽培的芒果香氣就是比較充足。採收後的芒果會先過水來降低環境熱，這樣也能延長保存時間。乾燥後的芒果還會經過嚴格分級評估，分配到各個不同需求的市場。

分級流水線的最前端是一位資深大哥，他可以透過芒果外觀及形狀判斷該芒果是否授粉完全。「如果芒果的頭胖胖、尾巴翹翹的，表示授粉條件很好。」其他樣貌的可能是因為風大、下雨等因素的干擾，用這種方式可以預判果實裡面有沒有問題、芒果好不好吃。這種瞄一眼就能看穿芒果體質的技能，當然需要多年經驗的累積。

不同等級的芒果會先被貼上「夏雪芒果專屬標章貼紙」，再被歸類到不同籃筐，等待裝箱。每批售出的芒果都有產銷履歷，追本溯源之外，還能夠生產資訊透明，從除草、農藥產檢、採收等，讓消費者知道品牌對果樹做了什麼樣的照顧，確保食品安全、永續生產的觀念。為了保證收貨品質，游大哥特別要求當日採收的果實必須同天寄出。

## 拓展夏雪芒果的廣大市場

夏雪是臺灣第一個具有身分證的芒果。

「既然認定了這個品種，就努力經營，這是對夏雪芒果的堅持及匠人精神。」種植夏雪芒果已經第八個年頭，游大哥努力拓展通路，想辦法減少損耗。

每年五月下旬到七月中旬，是太陽農場忙得不可開交的時候。除了每天巡視果園、管理維護之外，產期前跟各大通路的契作也需排進日程。目前合作的通路包括家樂福、大潤發、全聯、7-11，也有部分外銷到香港、英國、杜拜等地，讓「臺東夏雪」有機會邁向國際。

每年每公頃能產出三萬粒芒果，約莫兩萬臺斤，這樣規模的產量避免不了產生賣相不好的C級品。品質好、外觀卻不討喜的原料，該怎麼辦？游大哥找廠商配合、開放加工商品，做出夏雪芒果乖乖、雪之戀芒果凍、冰棒等產品，提高附加價值，以此降低農民的損失。

我非常佩服游大哥一直在做的努力，尤其作為夏雪芒果的先鋒隊，想必一路走來非常不容易。爲了幫助農場，讓更多人認識夏雪這個品種，持續發揚光大，我們在產季期間設計相關甜點，晝日風尚休閒會館也不定期提供夏雪芒果零食供住宿客人享用。相信以夏雪芒果的優勢，未來有機會能與更多不同職人合作出萬眾矚目的商品。

# 涼拌九孔鮑佐香茅芒果

**準備材料**

- 九孔鮑　十顆
- 10%鹽水　一千CC
- 香菜苗　少許
- 夏雪芒果　五顆切丁

**芒果醬第一組**

- 椰子水　一千零四十克
- 香茅梗　八十四克
- 魚露　一百三十二克
- 檸檬葉　四・八克
- 大蒜　八十四克
- 蕗蕎　九十六克

・小米辣椒　十四・四克

**芒果醬第二組**

・糖　八十四克
・檸檬　七十二克
・乳清　二十四克
・片栗粉　少許

**製作步驟**

1. 新鮮九孔鮑刷洗過後，用鹽水川燙三十秒後冰鎮，去殼、去內臟備用。
2. 將芒果醬第一組的食材混合加熱，煮滾後轉至小火繼續熬煮五分鐘，完成後濾出液體備用。
3. 在液體中加入芒果醬第二組食材，勾芡至稠狀即可。放涼後加入切丁的新鮮芒果。
4. 裝盤：九孔鮑切成好入口的小塊，淋上芒果醬，並以香菜花點綴。

CHAPTER 13

# 臺東冬季人氣特產
# 深山裡的金黃苦茶油

十二月的第一天，我開車上山拜訪住在南溪的湧哥，並看看今年苦茶籽的收成情況。

空氣中瀰漫著一股濃濃的榛果香氣，處在寒冷的山林中，顯得格外溫暖。

依山傍海的長濱位於花蓮與臺東的交界處，一個沒有火車直達的地域，從臺北前往的車程至少要五個小時的偏鄉，正是Sinasera24的落腳處。很難想像有比長濱還要偏遠的小鎮吧？南溪就是這樣的一個地方。從長濱出發要一個半小時，約莫在豐濱進入花蓮之前，轉角進去的深山裡，有著這樣一個水源保護區，是種植苦茶樹的世外桃源。如果不是熟人輾轉介紹，絕對不會尋覓到這個苦茶油產區。

在這裡，葉湧大哥已經耕耘了十來個年頭。本是嘉義人的湧哥，小時候跟著從軍的父母來到南溪部落開闢土地，成年後任職道路工程維修員，退休後再次回到熟悉的環境，接手父執輩的事業。

## 金黃剔透的苦茶籽油，工序繁瑣

苦茶籽油一年僅一收成，一瓶要價破千，看似有著豐厚利潤的買賣，其實隱藏著深層的學問與艱苦。

苦茶樹從開花結果到採收需三百天以上，除了日常維護、修剪枝葉、割草施肥，還要祈求天公作美才行。若遇狂風暴雨打落花蕊，隔年的收成甚微。每年霜降之時，便是苦茶籽採收之際，湧哥的苦茶樹大都生長在陡斜山坡地上，完全仰賴手工採收與揀選。南溪人口大都往都市移居，留下來的多為老弱婦孺，能夠協助採摘苦茶籽的村民寥寥無幾，多靠壯老年的親戚相互幫忙。採摘完後，還要扛著大麻袋穿過層層斜坡，送上卡車，再載下山。

收成後的苦茶籽要再次經過挑揀，然後走日曬的流程。然而，臺灣冬季日曬不足且氣候潮濕，在榨油之前需要用一百三十度C的焙火翻炒，這個過程必須有人全程監控，掌握火候及溫度。焙炒不均或過度，都會像咖啡豆一般，榨出帶有雜味或油耗味的成品，色澤與營養也都會有所影響。

壓榨出的油品會先經過兩道過濾，放置一個禮拜到十天左右的時間，確保比較細微的雜質沉澱後才裝瓶。以營養的角度考量，是否有這最後一道沉澱的工序並無差異。但湧哥以過來人的角度分享，消費者在感官上還是會有落差，希望購買的油品色澤金黃透亮，既美味也適合送禮。

剛壓榨出的苦茶油較有包覆感，風味也更圓潤。而經過放置沉澱的油品，榛果仁的味道更明顯，口感較明亮，細緻清香中帶有苦韻甘味，有著豐富層次。

臺灣是苦茶油產地，並不需要仰賴進口，本地也蘊藏非常多的好食材，只是等待被發掘而已。每年約莫年底的時候就是苦茶的榨油月，一天可以壓榨一千臺斤左右的分量。我好奇地詢問湧哥，市面上所謂的「冷壓苦茶油」，跟他的做法有什麼不同？如何判別苦茶油的好壞、純度？

他解釋道，苦茶油的發煙點高，大約在攝氏二百度C左右，即使用焙炒的方式，也不會達到這樣的溫度，所以果實本身的營養並不受影響。雖說冷壓的方式可以保留較多活性成分，但也會榨出苦茶籽本身的苦澀味。經過焙炒後，多酚含量與穩定性會進一步提升，顏色看起來比較深卻不影響油品品質，反而讓香氣更加充足，不管是單喝顧胃，還是搭

配米線或炒菜都更有風味。將油倒出容器時，可以距離一些高度，倒出的油面如果產生泡泡，這樣的苦茶油是比較純粹的。

臺灣苦茶籽的產量供不應求，大多仰賴中國大陸進口，主要原因是採收成本高、銷路不明確，看不到長久效益。加上愈來愈多油品種類進入市場，在激烈的競爭之下，讓很多老一輩的生產者不得不忍痛放棄栽種。為了提高利潤，一些廠商可能在苦茶油中混入品質不好或是別的油品充數銷售。想要避免這樣的情況，消費者更須慎選有品質的商品。

餐廳除了供餐之下，是否還有其他可能？是我長久以來努力的方向。作為餐廳主廚，考慮到客人的喜好是基本，此外我也希望能盡一己之力，讓落腳於長濱的 Sinasera 24 成為一個舞臺，吸引觀光客來品嘗的同時，藉由菜色跟整體用餐體驗，讓更多人了解食材的多元性跟變化。透過餐廳外場的講述、引導，讓小農及職人的堅持與作品被看見、被認可並支持。

除了鼓勵這些耕耘者秉持自己的理念外，我們能做的，就是協助他們宣傳自己生產的好東西。以苦茶油為例，一般通路販售的瓶身必須標註產地、製造日期、營養標示等，也需經過各部門檢驗、認證，這些在消費者看起來是基本配套，對於處在偏鄉的湧哥來說，卻難如登天。

「我本來就沒讀什麼書，根本不懂。」湧哥看似輕描淡寫的一句話，卻透露出各種無奈。

這麼好的東西，如果只是留在這座深山部落，就太可惜了！我想到傳統法國餐提供的麵包都會搭配橄欖油，那麼Sinasera 24的麵包，是否也能搭配在地的苦茶油？除了堅果香氣能夠跟麵包本身的麥香融合，推廣在地特色，苦茶油本身的營養功效也不可小覷，豈不是一舉數得？也因此，苦茶油作為常態出現在我們的餐廳中，吸引了不少饕客在餐後選購送禮或自用。現在還時不時接到客人的電話，詢問新的年度的苦茶油是否已經裝瓶？

回想起來，將湧哥的苦茶油推向市場初期，曾經遇到南溪部落轉型成為有機生態村的過程。在偏遠山谷中的南溪部落，居民大都是自給自足生活的老人，因此很少人噴灑農藥，節省了採買化肥的費用。當地部落想要徹底轉型為有機生態村，透過臺東大學協助成立合作社，申請補貼。雖說如此，申請流程繁瑣，對有些人來說，本來就在做的事情，何須經過額外的認證加持，湧哥就是其一。

還記得那時候臺東大學主動聯繫我，詢問是否能從餐廳這邊說服湧哥加入？如果能夠獲得有機認證，湧哥的苦茶油能得到更多客人的認可，從而提升買氣，百利而無一害。於是我找時間跟他溝通，他也終於點頭同意。全村居民在相互勸說和協助下，達成共識，花了一年多的時間完成申請作業。

供應鏈上游處理完後，我跟團隊重新評估這項產品。商品的本質是好的，但是能否直接吸引消費者才是關鍵。必須先引起顧客的興趣，才能將產品理念和故事傳達下去。

苦茶油裝在透明瓶身中，在琳瑯滿目的農產品陳列中，是非常容易被忽略的品項。於是我們開始尋找合適的設計師，從生產理念著手，延伸到包裝設計。我希望以簡約、樸素的包裝，讓消費者對這個商品一目了然，能夠主動詢問。經過兩個月跟設計師的來回溝通，並找到合適的印刷廠商，最後的成品我們非常滿意，實際的銷量也證明我們當初的決定是對的！

作為湧哥苦茶油唯一的銷售通路，我非常感謝他對我們的信任，也盡力支持我們所做的一切。所以在Sinasera 24成立滿三週年的時候，我邀請湧哥到餐廳參與當天的餐會，除了品嘗我的料理，也想讓他看到我們正在努力做的事情，希望透過媒體的傳播力量，讓更多人看到他的堅持。

當天出席的媒體相當踴躍，許多人對湧哥的苦茶油讚不絕口，接收到客人直接的反饋，可以看到湧哥臉上掩不住的笑容，對我來說，這樣就夠了。

# 苦茶油冰淇淋

**準備材料**

- 苦茶油　二十克
- 砂糖　四十五克
- 脫脂奶粉　二十八・三克
- 黃原膠　一克
- 全脂牛奶　一百零五克
- 玉米糖漿　三十克
- 重鮮奶油　一百零五克
- 猶太鹽　二克

**製作步驟**

1. 砂糖、脫脂奶粉跟黃原膠混合均勻後，慢慢倒入全脂牛奶跟玉米糖漿，過程中用打蛋器不斷攪拌，將混合液體以中火加熱。期間，繼續以打蛋器攪拌直至砂糖融化，約三至四分鐘，完成後離火，慢慢加入重鮮奶油，混合均勻後用保鮮膜包覆，並冷藏至少六小時（冷藏二十四小時的質地及風味會更好）。

2. 將冷藏後的混合物取出，加入苦茶油及猶太鹽慢慢混合均勻，完成後倒入冰淇淋機中。

3. 冰淇淋機產出的質地比較接近霜淇淋，用可冷凍的容器盛裝，放入冷凍庫至少六小時後即可享用。

4. 也可加入濃縮咖啡，作為榛果版本的阿法奇朵（Affogato）甜點。

CHAPTER 14

# 探索豐香草莓的 無窮魅力

說到草莓，一般人聯想到的大多是法式草莓芙蓮蛋糕、草莓戚風奶油蛋糕、草莓雪花冰等甜點。

臺灣最常見的草莓無非三種：豐香、香水跟戀香。豐香草莓最早源自於日本，香氣濃厚、酸甜平衡、細膩多汁，帶有淡淡奶香，但培育過程較難標準化，容易產生不均勻變形。豐香因為肉質柔軟，易碰傷或受蟲蛀損壞，加上全球暖化的影響，種苗死亡率飆升，照顧起來費工耗時，漸漸地被香水草莓所取代。香水草莓的口感偏脆，帶有淡雅的香甜，草莓風味較淡。戀香草莓則是新培育的品種，相較於豐香更好栽種，甜度更高，被譽為草莓界的「香奈兒」。話雖如此，我還是偏好小時候嚐到的豐香味道，甜中帶酸，草莓香氣充足。

又到了一年一度的草莓季，我想要做有別於大家既定印象的草莓甜點，也希望透過這道甜點，讓更多人認識這個快要消失的品種。

傳統法式餐廳會在主餐之後準備起司拼盤，再銜接清味蕾的小甜點（pre-dessert），主甜點結束後還會附上佐咖啡的餐後小點（mignardises）。如果這些都集中在一起，滿滿一桌，那會是多麼澎湃的體驗？

我跟甜點部門討論、試做之後，最終以「草莓五重奏」呈現。我們使用全株草莓，希望透過這樣的組合，讓客人對豐香草莓有更完整的認識。

## 綠色—抹茶—清涼

進到草莓園，放眼望去是綠油油的一片，點綴著紅色斑點。占據主要視野的草莓葉常被忽略，只有在特定的產區，農會會將部分藤蔓上的葉片摘取下來，交由專業製茶廠處理，做成草莓葉茶。一般來說，在草莓盛產期間，並不會摘取葉子，因為會影響到草莓的生長。我們特別請配合的草莓農家保留少量的葉子，甜點師將其進行低溫烘乾、打成細粉後製成冰淇淋。在這個製作過程中，除了糖、奶等基本原料之外，不添加任何風味添加劑，最後冰淇淋成品會釋出神似抹茶的風味及餘

韻，實在令人驚喜。

除了草莓藤蔓的葉子，我們也特別保留草莓蒂頭，洗淨、擦拭乾燥後，將蒂頭沾附糖水、低溫烘乾至些微結晶狀。酥脆口感的蒂頭，配上香甜的草莓葉冰淇淋，再撒上柴燒黑糖包覆的米香，作為「草莓五重奏」第一樂章。

**黃色｜薰衣草｜輕盈**

以草莓為主角的甜點，當然少不了單品的獨奏。我們挑選了飽滿、香甜的草莓，對切盛盤。與其呼應的是輕盈的原味戚風蛋糕，以及清新溫和的薰衣草香緹，再以玫瑰花與鳳梨鼠尾草做最後點綴。上桌之前，淋上些許的橄欖油讓整體更加濕潤，也增添不同層次感的香氣。

**白色｜蕈菇｜濃厚**

傳統法國料理少不了起司，我特別將這道佳餚保留在甜點中間，讓些微的鹹鮮滋味穿插其中，希望客人在享用五重奏套餐時不會感覺到過度甜膩，因而味覺麻痺。

起司種類千百種，只有一種被公認為跟草莓是最佳搭配——源於法國北部的

Maroille馬魯瓦那。這種起司質地柔軟，風味濃厚，帶有些許蕈菇香氣，跟草莓一起享用，將果實香氣及甜度昇華的同時，奶香味也隨之散出，回味無窮。

我們先將新鮮草莓裹上砂糖烤製，隨著溫度上升，草莓汁滲出，留下的是軟嫩的外衣。草莓糖汁保留，鋪在Maroille馬魯瓦耶起司下，堆疊上糖烤草莓，佐以醋漬佛手瓜丁，最後再撒上糖霜葵花籽增加口感。酸、甜、鹹、鮮，集結於這一小盤中。

## 紅色｜龍蝦｜酥脆

Sinasera 24在料理設計上，一直都希望跟都市餐廳做出區隔。畢竟來到這裡路途遙遠，提供不一樣的風味體驗，才能吸引更多饕客前來。

Arlette譯為阿蕾餅乾，也被稱為女媧酥，起源於一九〇〇年代的南法，跟眾所周知的蝴蝶酥類似，傳統做法會撒上肉桂糖粉，作為下午茶不可或缺的點心。但因阿蕾餅乾製作程序繁雜、耗時又費人力，慢慢失傳，而被蝴蝶酥取代。

我們翻閱傳統食譜，將其修改，使用千層酥皮，融入風乾草莓，擀開塑形成牛舌餅樣式，外層撒上龍蝦腦與龍蝦殼製成的紅色蝦粉。龍蝦的鮮味會充斥在入口初期，隨著咀嚼酥脆餅皮，女媧酥的甜度及草莓乾的酸度慢慢釋出，迴盪於口內。

## 棕色—酒醋—明亮酸度

前面提到豐香草莓容易產生不均勻變形，換句話說，這些賣相不佳的草莓無法售出，一般情況下會被丟棄，對草莓農家來說無非是巨大的損失。我們請合作的草莓農家將這些品質佳，卻沒那麼好看的草莓，用發酵的方式保存下來。經過三年的熟成，得到的是呈現淺棕色的飲品，帶有酒醋香味的同時，具有非常明亮的酸度。打入氣泡、再加點冰塊，就是跟女媧餅搭配的完美飲品，以此作為「草莓五重奏」最終章。

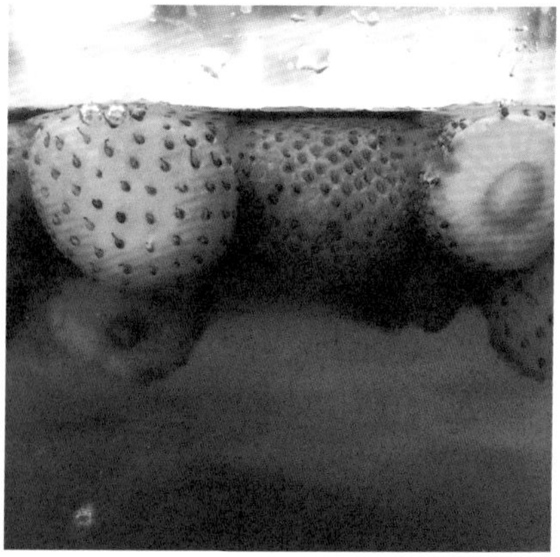

## 隱身於鳳林的草莓實驗莊園

草莓是多年生的草本植物（一般情況是四年）。第一年比較嫩，相對地，韻味不夠。第二、第三年是花樣年華，產出的碩果體態美觀，風味佳。第四年則出現老態，大部分農人也就會將其淘汰了。

因緣際會之下，透過熟識的甜點店介紹，我輾轉接洽到座落於花蓮鳳林的草莓莊園。

學化工出身的魏佑丞，一直對豐香草莓寄予厚望。魏大哥的父親是農藝系學院派的專家，他自己則是實務派。早期在苗栗生活時，他就接觸到草莓種植，後來因孩子學業而舉家搬到花蓮，繼續深入鑽研草莓，迄今已十年，仍在找尋種植草莓的最佳方式。因產量有限，魏大哥的草莓無法跟多家餐廳合作配送，每到產季，只能出售給親朋好友或小型甜點店。我希望打破這種限制。

一般餐廳礙於菜色研發，食材需穩定供應至少三個月的時間，對小農來說負擔比較大。Sinasera 24的作法不一樣，我們遵循節氣製作料理，對於食材的供應不強求，如果只有三週的供應量，那這道菜就只推出三週。只有這樣，才能確保客人吃到的是食材最適合、美味的狀態。抱持這樣的想法，讓我跟魏大哥一拍即合，每逢產期便至莊園觀看當年的成果。

魏大哥認為，每個人的個性跟種出來的東西很像，就像每個廚師都有自己的料理風格跟特色。草莓會隨著陽光、溫度、土壤、水分等條件不同，而呈現出不一樣的風貌，在探索過程中，除了意外，更多的是驚喜。

傳統草莓種植是透過土耕，經過土壤礦物質的滋養，生長出來的草莓，風味會更加濃郁、奔放，更有「草莓味」，果實本身也更加扎實。再者，土壤的保水、保肥能力相較於高架來說更好。

雖說如此，還是有不少農園使用高架，主要考量就是病蟲害管理。土壤多帶有病原菌，採用高架的方式種植，使用的是介質而非土壤。草莓根部往土壤下生長，容易被蟲咬；在土面上的枝葉，則容易被蝸牛侵擾。除此之外，高架栽培果實懸掛空中，通風性良好，果實不會與一般土耕的塑料布接觸，有效降低果實腐爛的機率。

成本，也是果農考慮的重點。傳統土耕需要整地、作畦、鋪設抑草席、整理葉蔓、施肥及採收，需長時間彎腰蹲伏，對施作者而言容易造成職業傷害。而高架栽培則不需要這些過程，不用翻找，更方便工作，可大幅度降低人力成本。每單位面積可架設兩、三層栽培床，種植密度也能有效提高，對提升產量來說更有幫助。

高架栽種所使用的介質有好多種，包含椰纖、泥炭土、珍珠石、發泡煉石等。魏大哥目前使用的是以數百甚至數千年累積、發酵苔蘚所構成的泥炭土混椰子殼。經過多次比對與實驗，他發現這樣混合的介質，只要成分都是植物類，便可以讓草莓生長得更快。但用介質方式栽種的草莓含水量更多，會稀釋草莓風味，而且相較於土壤，其中的礦物含量很多都是外加，不易評估全面性與持續性。

採用土耕或高架，有捨有得。魏大哥的農園有土耕也有高架，他希望透過實際操作的方式評估、比對，集結兩者的優點。雖然辛苦，他卻樂在其中：「在實驗室研究的成果比較沒有外在影響，所以並不準確，還是實際操作來得更有意義。」

臺灣不是一個理想的草莓種植地，花蓮更不是。原生於涼爽乾燥的溫帶，草莓是陽光、重組水分及肥沃土壤所孕育出的香甜物種，來到地處亞熱帶的臺灣，作為外來物種，自然沒有抵抗在地病蟲害的能力。開花結果及生長期所需的光照時間長達十二到十五個小時，並不是花蓮能夠賦予的條件。屬冷涼植物的草莓，如果日照量不夠，轉色就不會漂亮。它適合生長的地區是日本或歐洲這些緯度較高的地區，因為夏季比較短，更適合在炎夏維持草莓的根部發展。

魏大哥堅持使用有機、天然的方式栽種草莓，在對抗病蟲害時，堅持避免用藥劑噴灑，而是針對每種害蟲，尋找對應的天敵。嬌貴的草莓在成長過程中各個階段所需要的呵護條件都不同，魏大哥不怕辛勞，日復一日、年復一年地嘗試，希望找尋栽培草莓最好的方式。

魏大哥每次都挑選九分熟的草莓才進行採摘，也就是草莓表面的籽轉變成紅色才行。這或許是他們家的草莓特別好吃的原因之一吧！其實，食材的好壞，吃一口就知道，農人的用心都反應在品質上。雖然魏大哥還在摸索、調整階段，相信他的堅持，一定能找到種植草莓的最佳方程式，發掘草莓的無窮魅力！

## 草莓聖托佩塔（Tropézienne）

Tropézienne源自於法國南邊的度假小鎮聖托佩，因美豔火辣的女星碧姬・芭杜（Brigitte Bardot）而得名，也是我在南法工作感到疲乏勞累時能救贖自己的甜點。傳統作法是用原味的布里歐麵包中間夾著覆盆梅奶餡，Sinasera 24有一季的菜單特別設計了草莓口味版本給前來用餐的客人，大家都讚不絕口！

### 布里歐麵包準備材料

**乾粉**

- 加拿大高筋麵粉　一百三十九克
- 冠軍T65　十三克
- 上白糖　二十克
- 鹽　三克
- 高糖酵母　三克

**液體**

● 牛奶　四十五克
● 轉化糖漿　十三．三克
● 鮮奶油　十四克
● 蛋黃　五十四克
● 奶油　六十九克

**布里歐麵包製作步驟**

1. 乾粉跟液體放入攪拌機中慢速混合均勻，麵團成形後持續攪拌三分鐘左右（直至筋性出來），加入奶油，繼續攪拌至完全融入麵團後，快速攪拌三十秒。
2. 麵團取出放入缸盆中，包上保鮮膜，室溫靜置半小時，待其發酵。
3. 發酵完成後，將麵團翻面，放入冰箱冷藏，靜置一整個晚上。
4. 隔天從冰箱取出，將整個麵團揉搓至圓形，用桿麵棍將麵團桿開成圓形，並置放於十吋菊花烤模中（烤模需先噴油，避免沾黏）。
5. 麵團需經過二次發酵，建議在二十八～三十度C的環境，靜置一個半小時。
6. 發酵完成時，麵團的頂部會微微超出烤模，此時在麵團表面刷上薄薄一層蛋液，並撒上珍珠糖。

7. 烤箱預熱二百度C（如果烤箱有上下火的功能，可設置上火二百二十五度C、下火一百五十度C），放入麵團後烤十分鐘，然後將麵團轉向再烤三分鐘，即可取出。

## 小叮嚀

- 乾粉事先置於冷凍、液體置於冰箱冷藏至少一小時，可以保留麵包成品的香氣。
- 塗抹在麵團表面的蛋液建議用全蛋，加入些許鮮奶油會讓整個麵包體更香，色澤也更亮。
- 麵包從烤箱取出後連烤模在桌上敲兩下，可把多餘的水氣敲出，避免麵包凹陷下去。

## 內餡準備材料

- 新鮮草莓　一公斤
- 奶油內餡

- 鮮奶油　一百零八克
- 上白糖　二十一克
- 慕斯林　六百克

**慕斯林**

- 鮮奶　一千克
- 香草莢　二根
- 蛋黃　二百克
- 上白糖　二百克
- 玉米粉　七十克（過篩）
- 低筋麵粉　三十克（過篩）
- 吉利丁片　五片（泡冰水備用）
- 無鹽奶油　三百四十克

## 內餡製作步驟

1. 香草莢對半切開放入鮮奶中，以小火煮滾。

2. 蛋黃及上白糖攪拌均勻後，加入玉米粉及低筋麵粉繼續攪拌，完成後加入牛奶混合均勻。

3. 將步驟2的混合物倒回鍋中，中火持續加熱至液體表面冒泡，此時液體會呈現比較濃稠的狀態，即可關火。

4. 吉利丁從冰水中取出後擠乾，加入步驟3的液體中攪拌至完全溶解，過篩後放入冰箱冷藏降溫。

5. 無鹽奶油事先退冰，用攪拌機打散、打軟。

6. 奶油軟化後持續攪拌，分批加入步驟4的混合物中攪拌均勻，得到慕斯林。

7. 奶油內餡材料中的鮮奶油及上白糖打發後再加入慕斯林混合均勻即可。

**小叮嚀**

- 加熱過程要持續攪拌避免燒焦，尤其是液體逐漸變濃稠的時候要更注意。
- 步驟6的混合過程，混合物可以分批多次導入，避免奶油遇冷結塊。

## Tropézienne 組合步驟

- 布里歐麵包橫向剖半，上下兩個切面塗上糖水（約七十克）。
- 將奶餡裝入擠花袋中，擠在麵包下層切面，並完全覆蓋，並在奶餡上放入新鮮草莓（草莓尖尖朝上）。
- 草莓之間的縫隙可用剩下的奶餡填入，最後把麵包上蓋蓋上，即可分切享用。

CHAPTER 15

# 低卡路里的營養聖品
# 料理好幫手

主廚
帶路

「咕溜咕溜～」

入口滑順、容易下嚥的是我們這一季菜單作為收尾的茶點——愛玉麻糬。有別於一般人印象中軟嫩或脆脆的愛玉，這道甜點的口感更接近麻糬。撒上自製的花生糖粉，閉上眼睛品嘗，絕對可以以假亂真。其實這不是什麼特別的品種或技法，只要稍微調整搓洗愛玉的水比例，就能有這樣奇妙的反差，而這個小撇步是愛玉專家范大哥教我的。

長濱以西，貫穿玉長公路，橫跨一個山頭就是玉里鎮，也是距離我們最近的火車站所在地。在玉里樂合國民小學的後山上，有座榮獲花蓮「休閒農業體驗活動金質獎」之一的范家愛玉園，農場主人是過去曾任職外商公司總經理的范振海。

## 愛玉與小蜂互利共生的關係

很多人不知道，榕樹家族的愛玉其實是臺灣才有的產物，並不是因為無法適應他國環境，而是唯一能幫它傳宗接代的小蜂無法出境，而這可能要從愛玉跟小蜂的生態說起。

有別於一般植物可透過蝴蝶或蜜蜂傳播花粉，愛玉樹是雌雄異株，其特殊屬性及構造僅能靠愛玉小蜂勝任這份工作。愛玉小蜂又被稱為「榕小蜂」，如小黑蚊般的尺寸，只有雌性才有翅膀能夠四處探索。蜂卵產在公果喇叭狀的蟲癭花上，孵化的幼蟲以蟲癭花為食，並在其內化作蛹。雄性小蜂會率先羽化，用發達的大顎咬破住有雌性小蜂的蟲癭花與其交合，完成使命後隨之死去。這意味著，雌性小蜂在破蛹而出之前，就已經受孕。牠們比較晚熟，羽化時間點跟果實釋放花粉的時間相近。從蛹中掙脫出來後，雌小蜂們會從公果的尾端小洞鑽出，帶著沾滿洞口周邊的花粉一同離開，找尋下一個落腳處。

愛玉跟無花果一樣，屬隱花植物，花被包覆在花托裡，很難從樹或果實的外觀判斷該樹是公是母，這對小蜂來說一樣是挑戰，身懷六甲的蜂媽媽就只能靠運氣。愛玉果實不論公或母的，在尾端都會有一樣的小洞，進入後大不相同。公果內有雄花及蟲癭花，蟲癭花的花柱短小，是產卵的溫床。反觀母果內花柱細長，不適合繁殖，一旦進入便很難離開。

滿三個月的母果會釋放一種特殊味道，吸引雌小蜂進入。雌小蜂進入母果後，會將帶入的花粉散播在果實內，幫助愛玉完成授粉的任務。

范大哥向我分享，一顆飽滿的愛玉果實所需的花粉量需要靠好多隻雌小蜂的貢獻，採果時也會收到沒授粉或者授粉不完全的愛玉，這跟愛玉樹公母比例分配有關。在理想情況下，公母樹維持在一比四的比例最健康。

野生愛玉傳播方式跟其他植物類似，母果成熟後會自然裂開，讓動物食用。愛玉子有果膠保護，不會因經過食道而被破壞。待動物排泄時，愛玉子則隨遇而安，落地生根。

## 標準化流程，營造有機生態

范大哥過去在工作中曾負責香料銷售，從職場引退後，他想將十分受歡迎的中國大陸肉桂帶入臺灣市場。不過，中國大陸肉桂在分類上屬中藥材，沒有中醫師執照就無法直接販售，需由中盤商轉售。

有次他跟朋友聊起，發現以前有位同學念農學院，正在推廣「苗栗一號」的愛玉品種。這是苗栗農改場歷經十五年研發的成果，相較於其他種類而言，果膠更豐富、口感討喜，經國家認證。

政府研究單位提供非常優惠的方案鼓勵農民栽種，包含一千棵愛玉樹苗、四十萬現金補助、技術轉移及五年的輔導，小到修枝剪葉、細到照顧榕小蜂都有涵蓋。范大哥評估自身狀態，考量到家裡有父母的農地、過去經營公司的標準化經營，對市場前景看好，從此開啟了種植愛玉之路。

范大哥回憶：「大家都說有機好，可是哪有那麼容易？剛開始種植的時候特別糾結，眼看著愛玉樹被蟲侵擾，經常想放棄，直接用農藥噴一噴算了。」

話雖如此，他還是咬牙堅持下去，因為負責授粉的小蜂同樣會被農藥所殲滅。外部持續的指導跟鼓勵下，農場經營慢慢有了起色。范大哥學習自行育苗，並飼養不同的禽鳥類，雞負責吃蟲、鵝負責吃雜草還能顧家。隨著時間過去，園內生態更加豐富，灰澤陸蟹到處挖洞，有利下雨天讓有機肥進入土壤。蚯蚓們在地下翻攪鬆土，同時作為陸蟹的營養伙食。

一直熬到第四年，能夠將耗損率穩定在百分之十五，范大哥才總算安心下來。樹苗栽種後四年左右即可採收。范大哥所處的地帶一年可收成兩次，春果在暑假期間採收，秋果則落在年底十二月至隔年一月；像阿里山稍微冷涼的地帶則是一年一收，可以持續數十年。

愛玉果實收成後先洗淨、削皮，削下來的愛玉皮不用急著丟掉，范大哥說可做成中藥，煮水飲用可清血降壓，屬於民間偏方。

愛玉去皮後，需將種子那面翻開來曝曬乾燥，過去沒有設備都是用日曬的方式，需觀察天氣變化，下雨容易導致收成發霉。後期有一定規模跟經驗後，他引入設備，用電烘的方式去除水分，均勻且快速。乾燥後的愛玉就可以進冷凍保存，需要出貨時再取出退冰。

## 泡、搓、放，三步成形

愛玉子富含果膠，透過搓洗凝結成果凍狀食用，而用來搓洗的水質至關重要。「很多人第一反應是用礦泉水。」范大哥解惑道：「其實也沒錯，愛玉中的果膠酯跟水中礦物質產生反應形成凝膠。但是一般超商所販售礦泉水只是裝瓶的過濾水，這樣的水所含礦物質遠不足以發生凝固反應。水中的礦物含量、導電度，以及水與愛玉子的比例，都會影響到愛玉凍的口感。」

舉例說明，導電度八十的水可以洗出Q軟的愛玉；礦物質含量較高的水則可以快速結塊，反水的速度也相對較快；一比六十的搓洗比例，會讓愛玉呈現像麻糬的口感。

范大哥一邊說明，一邊拿出器具讓我實際操作，「相關的器皿都要洗乾淨不能有油脂，不然愛玉凍無法凝結。」人體自然分泌的油脂也算在其中，建議戴著手套比較好。即便是無粉的一次性手套也要洗過、擦拭乾淨，這些都是為了做出最理想的愛玉凍。

一切準備就緒，將愛玉子放入滷包的布袋或者過水的絲襪中，開口綁緊，整個入水浸泡五分鐘。

「絲襪自然是使用全新沒有穿過的！」范大哥笑道。

相較於滷包布袋，絲襪的彈性更高，容易搓揉。完全濕潤後的愛玉子會產生凝結酵素和果膠，有點黏稠感，這時候就可以開始搓洗囉！搓洗的方式跟時間因人而異，基本上，沒有果膠繼續釋出的時候就可以停止，也可以從水體去辨認，等到混濁

看不見鍋底的時候就差不多了。

范大哥示範的時候，一邊搓一邊過水，不一會兒就完成了。輪到我動手的時候，花了一點時間才找到訣竅，終於搓揉完，再來就是等待。靜置二十分鐘至半小時，期間不要搖晃，整體凝固後就可以吃了。

## 變化多樣的夏日消暑聖品

淋上蜂蜜糖水，沁涼消暑的檸檬愛玉是夏日常見的小吃風景，但是你知道嗎？隨處可見的愛玉有真有假。前面講述了愛玉跟小蜂的生態環境，若非人為刻意維護照料，野生愛玉隨著山林地的減少，繁殖條件苛刻，加上採收困難，產量逐年遞減，並不足以滿足臺灣飲食喜好的需求。因此，市面上有半數以上的「愛玉」，都是用化學製成的愛玉粉調配出來，用著色劑、黏稠劑等模仿愛玉的口感跟風味。

辨別真假愛玉的方式有好幾種，單用外觀判斷時，真愛玉會有些許混濁的淡黃色澤，並參雜著些許雜質，這是天然愛玉子正常的殘留物；假愛玉乾淨透亮，相對清澈。靜置在盤中，天然愛玉會慢慢出水，而加工過的並不會因為時間而脫水。

將愛玉放入水中，下沉的假愛玉、真的會浮在水面。經過加熱後，冒牌愛玉會馬上溶解，天然愛玉可以像豆腐一樣煮湯，雖然煮久了會稍微變硬，卻不影響食用。口感更是明顯，脆脆的是用愛玉粉泡出來的，而搓洗成形的愛玉入口即化、Q彈軟嫩。

愛玉小蜂對所處環境要求高，菸味、蚊香都能置它於死地，更別說農藥等驅蟲噴霧。正因為如此，天然愛玉可放心食用，不用擔心農藥殘留。

愛玉子具有膳食纖維，高含水量、富含維生素等營養成分，且熱量比寒天還低，是營養師認證的減重聖品。近年苗栗農改場完成愛玉子全果胚萃取技術，發現愛玉的抗氧化機能成分，比大家熟知的藍莓高出十三倍以上，並從中發現了植固醇成分，有抗發炎的功效，被認為是新一代的「抗氧化神果」。或許未來會將愛玉萃取出的精華加工成相關保健品或補充品，在那之前，我們還是好好享用清爽可口的愛玉凍吧！

# 愛玉甜湯

## 準備材料

- 水梨　三百克
- 竹薑　二十四克
- 愛玉　十克
- 波爾水　六百克

## 製作步驟

1. 愛玉的作法可參考內文「泡、搓、放，三步成形」的章節。
2. 水梨去皮、去籽後打碎，跟切片的竹薑一起放入真空袋，放入低溫烹調機，以九十度C、二十四小時的設定慢慢熬煮。
3. 熬煮完成後過濾保留甜湯，加熱後搭配愛玉一起享用。

CHAPTER 16

# 勇敢做夢
# 用陶土捏塑人生

疫情爆發之前，我曾到日本富山縣旅遊，拜訪一家從器皿到食材全部使用在地物產的餐廳。主廚透過食材的呈現、佐餐的飲品搭配、裝置藝術擺設等各種細節，讓我深切感受到這片土地的富饒。

那天用餐結束後，我帶著滿滿的感動離開，不禁思考，臺灣是否也有這樣的資源？客人到Sinasera 24的用餐體驗，是否能像我一樣獲益良多？除了在地食材，什麼樣的器皿，能夠跟餐廳的理念呼應並相互襯托？有天我在網路上看到靚妤的作品，吸引了我到花蓮吉安鄉這家採預約制的小店，一探究竟。

推開外觀看似不起眼的小店大門，映入眼簾的是不同風格的作品。迎面而來招呼的靚妤，日式極簡風的穿著打扮，素雅、質感，就跟她的作品一樣。

我很快看上了其中一款名為「大器氤氳」的系列，光滑溫潤的手感有別於釉面的冰涼觸感。杯器材質與花蓮密不可分，花蓮是大理石的重要產地，石材場切割後所淘汰的邊角料，被打磨成粉後進行純化處理，再與陶瓷原料混合，拉胚過程中自然形成的美麗花紋，賦予了器皿獨一無二的手感。砂石的質地與潑墨一般隨性的紋理讓我愛不釋手，杯口處的口感輕薄，能品嘗出飲品更細緻的風味與層次。當下我就知道，這是我想要客人在Sinasera 24體驗的環節。

「每件器皿都可以是一段當下記憶，或是某種生命流動的痕跡。」這是後來跟靚妤持續交流得到的共識。我們開始思考，如何透過陶器呈現花東特色與日常。在構思初期，我提供長濱的風景、食材等照片給靚好，希望能從中找到某種代表在地精神的物品。

後來我們發現，臺灣東岸最美的是自然環境，是海岸山脈，是天空與海洋，是日夜切換的色彩倒影在土地的畫布上。基於這樣的想法，靚好擷取了長濱的晨曦、正午與傍晚三種顏色，做成器皿包裝外盒的色調，並以花東山海輪廓製成等高線地形圖，打凸成為外盒的紋理。她也特別調製了一款米白色杯子，搭配原本的灰調及潑墨，對應早、午、晚的設計概念。

從理念溝通到最後成品，中間穿插訪談、設計、包裝測試、拍攝，前後一年的醞釀期，結果讓雙方都感到非常歡喜。

在Sinasera 24，我們會用杯子盛裝茶或咖啡供客人享用，顧客喜歡也可以在店內購買，作為花東旅遊的美好記憶，帶回家珍藏。

我們遇過好多客人，對餐廳用的杯器很感興趣，深入了解後特別前往花蓮，探索店內其他系列的器皿。靚好也提交了大器氤氳聯名款參賽，贏得了二〇二二年產品設計類的金點設計標章。

事後我從跟靚好的閒聊中得知，能促使這次合作的契機，就是我那「很像做夢的感覺」。用靚好的話說，「我覺得自己是個在做夢的人，結果你才是那個靠夢想生活的人！」

在長濱開一家看天、靠海吃飯的法式餐廳，本來就是一場夢吧？

靚好透過有限資源創立品牌，開發獨有的回收石材胚土與色彩，在追求夢想的路途上，我們都沒有走太傳統的道路。只有抱持對自身目標的堅持，做出的東西才可以更加純粹，而對我們雙方來說，這都是非常珍貴的合作契機。

## 從廣告人到陶藝家，塑造想要的生活

靚好曾任職於國際廣告集團擔任創意總監，收入優渥，是大家眼中的人生勝利組。但是在光鮮亮麗的背後，她對未來感到愈來愈迷茫。

一開始她會接觸廣告，是因為可以藉由影像及文案來打動人心，或帶來影響力。但到後期都是透過數據來追蹤受眾的喜好，沒辦法直接看到反應，與客群的距離愈來愈遙遠，要做出感動人心的作品也愈發困難。除此之外，隨著職位的晉升，需要面對的辦公室政治可能比經手的廣告還多，讓她萌生想要轉職的念頭。

「我並不是一開始就很篤定，想給自己兩年的時間試試看。」她說，如果真的不行，還是可以回到廣告業繼續奮鬥。為了找回初衷以及自己真正想做的事情，靚好選擇回到出生的地方——花蓮。

花蓮擁有得天獨厚的自然美景，人情溫度更是讓很多旅人流連忘返的所在。如何將產品與感動、驚喜結合，讓他人能產生共鳴，是靚妤回到家鄉重新思考的課題。
靚妤本身就有藝術背景，「即便這次嘗試失敗，後續也不會碰到的東西或許就是手工藝了吧？」
選品店「好想生活本舖」就這麼開始了。店內陳列各種靚妤喜歡的工藝品，從玻璃、金工、木工、陶瓷等統統都有。透過選物店的經營，靚妤有機會看到世界各地的職人們對於自己的設計所抱持的初心與熱忱，提醒她做自己喜歡的事情有多麼美好，也讓她有機會進一步審視自己。
在花蓮生活的閒暇時光，靚妤開始自學陶藝。
為什麼會選陶藝？她回答：「因為自學比較容易，陶瓷所涵蓋的面向很廣泛，從生活的各方面都可以入手。陶瓷器皿也是選物店中占比最大的材質。」
學習期間，靚妤並沒有跟其他陶瓷藝術家交流。這是因為育兒之外的時間比較瑣碎，加上即使有藝術底子卻不是藝大畢業的，「在這個行業，大家很在乎你的老師是誰，所以沒有門路。」即便如此，靚妤用她擅長的數位領域找尋所需資訊，比如在哪裡可以燒窯、製作技巧等，就這樣自己玩了半年。
有天早上起床，她突然想把自己學到的技能付諸實踐，在選品店販售自己做的陶藝。不久之後，靚妤發現自己的作品比架上其他產品賣得還快，當下決定把店內商品都換成自己的作品，也正式成為陶藝創作家。

原本給自己兩年的時間好好生活，她花了一年找到方向，再一年成為陶藝界的一分子。

靚妤很清楚時間有限，必須好好把握。當自己的作品都上架後，她更加認真做陶，有一陣子做太多，連筷子都拿不起來，還去打類固醇，但她樂在其中，「魂生製器」就此誕生，以「極致純粹美學，從生活淬鍊而生」為核心思想，捏塑出一件件風格迥異的作品。

## 用作品說故事，傳遞原生風格

在 Sinasera 24 跟客人互動介紹魂生製器，引導客人前往官網了解更多的時候，才發現魂生製器的貼文並不頻繁。

向靚妤請教之後才知道，她完全沒有在做宣傳，但是受眾的黏著性極高，這對品牌來說是非常大的認可。顧客們透過口耳相傳的方式，定期回訪，包含老闆級人物、餐飲人士、藝術界的策展人、媒體、高官等，甚至還有外國旅人特地前往參觀選購。

疫情前，有位現年八十多歲在日本愛知縣百年工藝大學任職的教授，教書之餘也從事陶藝、務農，在網上看到靚妤的作品，主動聯繫並邀請她到日本學藝。靚妤自然是非常心動，不過考量到家庭因素，還是忍痛放棄。不過，這也讓她對自己的作品更有信心。

或許是見識過廣告圈的大風大浪，也歷經了生活的柴米油鹽，這位地方媽媽敢想敢做，正在準備魂生製器的2.0版本。

「跟Sinasera 24合作的這幾年，讓我開始思考品牌的下一步。」靚好想做的不只存在於技術層面，而是更深層的內容。

她拿了幾個非常精緻、漂亮的杯器跟我分享，「這些杯子可以做得很薄、很大、很小，即便是外行人也會欣賞它的美，但這種技術只能停留在表面。」要如何讓美感凌駕在技術之上，做出能感動人心的作品，是魂生製器未來想要追求的目標。除了器皿，也可以將材質延伸到不同的作品中，如大型藝術裝置或燈具等，打造更偏向藝術的品牌型態，以訂製化商品重新定位品牌，讓藝術成為生活的一部分。

「懂你的人不言而喻。」她相信客群可以再更聚焦，以更加精準的風格來傳遞品牌文化、土地精神，並展示自己的原生風格。

也許同樣是各自領域的偏執狂，我們相知相惜，透過聯名款的合作機會，著眼於能呈現東部自然風貌的工藝器皿，也嘗試用更具意象的創意，來承載更多不一樣的食物，讓食客們能夠體驗我們想要表達的理念。

料理與食器、食器與風土人文都是相互搭配的產物，期望未來有更多合作機會，一起催生出精彩的作品。

Sinasera 24
Chef's
Recommendation

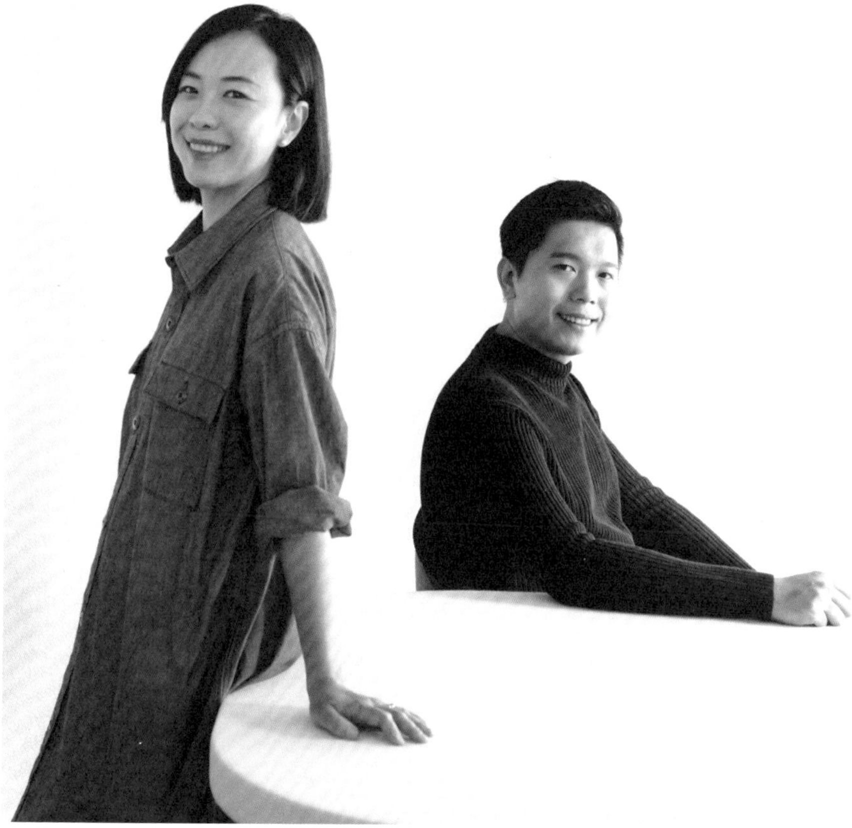

CHAPTER 17

# 從家出發
# 在傳統與創新之間找到平衡

花東沿海的阿美族，家家戶戶都有祖宗傳承的釀酒文化與配方。而「出力釀（Truly Wine）」是集結了不同部落精髓，座落於臺東都蘭的第一間原住民釀酒廠，由許震詮與家人共同經營。

早在幾年前，我就在臺東慢食節擺攤時跟阿詮打過照面，彼此也有不少共同好友，卻直到二〇二三年，透過朱平和Ming舉辦的「漣漪人（Ripplemaker）Join Us計畫」，才有了更深入的交流與認識。

## 子承父業，接手釀酒家業

剛出社會的阿詮首先踏進了餐飲業，在四海遊龍跟摩斯漢堡學習，一步步爬到了區主任的位子。後來因為工作表現優異，他被分配到負責處理加盟的部門，全臺灣趴趴走，協助加盟者選店面、開店輔導等，期間還被外派到香港兩年做教育訓練。

結婚後的他選擇安定下來，轉職當臺北花博的風味館場館經理，那是他第一次接觸到原住民文化。

阿詮是花蓮貓公部落的噶瑪蘭族人，父母從小就北漂，在臺北出生的他，完全沒有在部落生活的經驗。在他小的時候還沒有噶瑪蘭族，而是被歸類在阿美族之下，一直到二〇〇二年才被正名。

藉由場館的工作，阿詮有機會深入部落文化，學習行銷技能。但是，隨著孩子的出生，阿詮開始有了創業的念頭。

「我們一直想要到臺東生活，讓孩子有更好的生長環境，也可以節省生活開支。」部落的工作機會有限，創業似乎是比較好的選擇。若是開早餐店，每天可以有更多時間陪伴小孩；若是選擇開設工廠，則不受地理環境的限制，這些阿詮都納入了考量，後來是一次跟岳父的家族聚餐，才有了開酒廠的念頭。

飯桌上，岳父在閒聊中談到他曾是一名職業軍人，退休後專職釀造糯米酒，以阿嬤傳承的技術擄獲了不少客人，培養了許多回頭客。

「在那個抓私釀沒有那麼嚴格的年代，我岳父的釀酒生意超好！」他說。在蘇花改公路正式通行之前，從臺北回臺東的路程遙遠且顛簸。每年豐年祭前，岳父會算好釀酒時程，把準備好的糯米酒裝箱，開著發財車，帶著妻兒一路往南、沿途送貨，包含原住民風味餐廳、卡拉ＯＫ、檳榔店，當然也少不了長期支持的朋友。

「這不就是創業的 know how 嗎？」阿詮聽了非常興奮，雖然擔心被岳父一口回絕，還是向他提出了想要學習釀酒的請求。

岳父爽快答應，只是提出一個要求：「不能跟我女兒離婚。」主要原因是阿美族釀酒配方只傳承家人不傳給外人，這種傳統觀念是刻在骨子裡的，絕對不能破壞。

阿詮的釀酒之路，就這麼展開了。

岳父的教學嚴謹，包括泡米的時間、酒麴的運用，連混合翻攪的次數，都有一定的規矩。阿詮全心全意地投入，很快就釀出了好品質的糯米酒，得到了親朋好友的認可，訂單也隨之而來。打鐵趁熱，阿詮開始在臉書上試水溫，在朋友的支持及網友口耳相傳的推廣下，生意平穩地成長，讓他愈來愈有信心。

看到了以釀酒作為事業的各種可能，他開始跟太太認真商討返鄉事宜。

阿詮的太太莎莎是臺東阿美族人，母親來自Sinasera 24位處的南竹湖部落，爸爸則是都蘭出身的男兒。作為家中長女，莎莎從小跟著父母親開的發財車沿路送酒的記憶深刻，很快就下定決心和先生一起回部落創業，兩個妹妹也相繼加入。

## 走訪部落，尋覓失傳的酒麴配方

原住民的酒食文化可以追溯到兩千多年前。在傳統的族人觀念中，酒是相當珍貴的物產，代表祖靈跟家人共處一室的概念，在婚喪喜慶、祭典祭祀中，更是不可或缺的存在。每家每戶都會釀酒，從酒麴開始製作，以特有的配方傳承於家族成員之中。酒，在部落中扮演著相當重要的媒介與角色。

阿美族傳統的糯米酒是以植物製麴，每個部落環境所孕育的植物，對酒的風味有絕對性的影響。「北阿美，也就是花蓮地區的阿美族，使用荖葉這種比較嗆辣的植物，所以他們的酒沒那麼甜。」阿詮開玩笑地說：「大家說，是因為花蓮的婦女比較強悍。」長濱多用大葉甜香草，風味層次不會太複雜，酒體溫順、甜度也比較高。然而，隨著部落青壯人口外移，老一輩的釀酒工藝找不到接班人，自製酒麴也逐漸失傳了。

市面上販售的糯米酒多為商業麴製成，阿詮解釋傳統以藥草製作的酒麴風味多元，商業麴的甜感較重，味道單一是其缺點。而以藥草麴製作糯米酒的生產者，都是在自家釀造，無法合法販售或量化，這也讓阿詮看到了商機，決定找尋傳統製麴的技法，登記成合法事業。

有了這樣的想法，一家人開始行動起來，走訪各個阿美族部落，向釀酒人請益。然而，一開始並不順利，部落中還會釀酒的多數為長者，一部分人不願意將製麴配方外流，其他人則是太久沒做，講不出完整的藥草配方。加上氣候變遷、土地開墾因素，有些地方栽種釋迦等果樹噴灑農藥，那些需要乾淨水源，曾經滿山遍野的藥草已不復存在。

這並沒有讓阿詮與家人停下腳步，而是更認真蒐集各種寶貴資訊。

皇天不負有心人，他們在臺東關山的電光部落找到志同道合的張萬生頭目，致力於藥草復育、復興製麴文化、保存傳統釀酒知識與技術。阿詮將頭目無私分享的經驗跟自己探訪集結的資訊一一彙整，光是田野調查就花了一年半的時間。

為了還原傳統的藥草酒麴，阿詮接觸了藥草復育，到改良場購買苗芽，有些由張頭目及部落婦女提供，再請有「綠手指」之稱的岳母在自家田地栽種培植。米的部分選用臺東小農無毒種植的圓糯米，有別於用來包粽子的長糯米，圓糯米的澱粉含量更高，能夠有效糖化，釀造出有甜度的糯米酒。

幾經輾轉，他終於確定酒麴配方，整合了不同阿美族部落精髓的「升級版」酒麴，由山澤蘭、過山香、雞母珠、山素英、艾草等九種藥草組合而成。這些藥草以特有比例混合並搗碎出汁，與圓糯米研磨所得的米粉均勻混合，並揉成圓球狀，安放在溫暖環境下使其發酵，最後經過烈日的連續曝曬，方可得到傳統的藥草酒麴。

## 全家同心協力經營

「出咧！」是原住民用語中的口頭禪，有著加油打氣的意涵。

莎莎的二妹原本從事平面設計，小妹妹是運動員，大家返鄉後各司其職，共同開發酒麴工藝。三

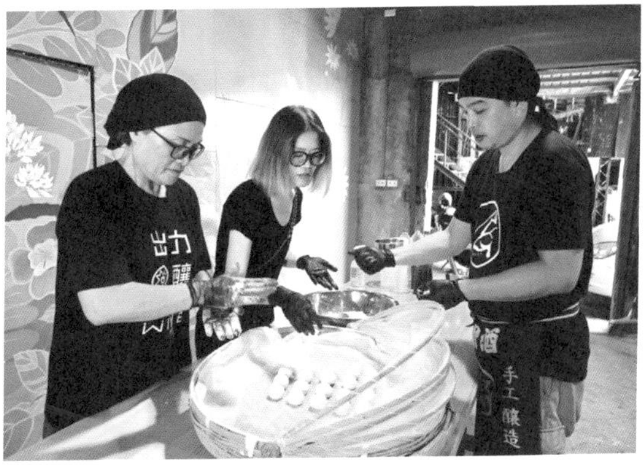

姊妹討論後決定把品牌命名為「出力釀」，除了為自己打氣，也期望未來能為更多人加油鼓勵，由二妹負責商標設計，塑造了粗獷、外向奔放的感覺。出力釀酒廠選址於都蘭新東陽糖廠倉庫，二〇一八年正式登記開業。

為什麼將工廠設在都蘭？阿詮回道：「其實一開始是選臺東市，回到都蘭真的是巧合。」

原來一開始在找尋位址的時候，一直是在臺東工業區打轉。好不容易找到一間曾是米酒的廠房，酒廠主人剛好是房東，商討用頂讓的方式承接設備。當阿詮準備要付訂金的時候，接到仲介的電話，才知道糖廠有個空間在招商，恰好符合需求，離家也比較近，當下就決定承租。

依照法規搭建工廠，牌照的申請比想像中還要複雜跟冗長。阿詮跟家人前後籌備了兩年多，只能在省吃儉用中等待核准。期間，他們不斷嘗試，精進釀酒步驟，讓成品的風味更加穩定且討喜。

傳統釀酒採一次到底的發酵方式，夏天需僅一週，而比較涼爽的冬天則會延長到兩週左右，直到釀造的糯米酒出現甜味即可。經過幾番試驗，他們發現經過發酵兩週的糯米酒，把米濾出後將酒液靜置一週進行熟成，風味更加厚實，同時酒精濃度也會提高，更符合品牌的訴求。過濾的程序中保留五分之一的酒液，跟使用老麴的效果一樣，在下一批釀酒的過程中加入，有助於釋放更多的果香跟藥草風味。

出力釀創始初期推出了三款糯米酒，以都蘭、長濱及電光部落的酒麴釀製，分別命名為「出力」、「漂釀」及「曙光」。每種酒麴的藥草有些許差異，表現在糯米酒的品飲風味上，酒精濃度也有所不同，一般人可能喝不出來，後來就以其中一個配方釀造，提供不同容量的選擇。

## 跨界合作：Malikuda牽手酒、香糯醇美冰淇淋

二〇二〇年出力釀拿到牌照，沒多久，知名葡萄酒老師林裕森就登門拜訪了。「那時候我真的以為他是詐騙集團。」阿詮笑道：「他說要找我一起釀酒，而且講得好複雜！」這樣的機遇，要從阿米斯音樂節開始說起。

阿米斯音樂節在二〇一三年創辦於都蘭部落，是臺灣以原住民文化為主的獨立音樂節，透過音樂、舞蹈、表演、食物、手工藝等文化活動，吸引了來自世界各地的人們齊聚一堂。

林裕森老師參加完這個活動，受到了無比的感動，當下就萌生出一個大膽的想法，釀製一款串連文化的「牽手酒」，以阿美族男子在年祭時的歌舞「Malikuda」命名，向阿米斯音樂節致敬。他一開始就很清楚要以阿美族傳統酒做核心，希望能和在地的酒廠合作。

「聽說他原本在找別的廠商，是因為很多人推薦才找到我們的。」還沒開始經營社群媒體的出力釀就這樣跟林裕森老師認識，同行的還有新生活葡萄酒負責人 Jason。「林裕森老師跟 Jason 真的很有說服力！」複雜的釀酒及混酒概念是阿詮難以想像的，但他被老師的熱情感染，就一口答應了！

紐西蘭與臺灣南島文化有著悠長的歷史，更與原住民歷史密不可分。以此為出發點，牽手酒的基底選用紐西蘭 Kindeli 酒莊的淡紅酒，加入出力釀特製的糯米酒，再送到臺灣在地酒莊威石東手中，與巨峰葡萄共同發酵，並以不同混合比例，分別命名為「都蘭牽手酒」、「南島牽手酒」。前者的糯米酒比例占一半，後者的葡萄酒含量則高達百分之七十五，我喝到成品的時候很驚豔！牽手酒是全新的風味組合，不受任何酒款的限制。發表之前 Sinasera 24 就決定進貨，並與當季的料理進行搭配，帶來意想不到的效果。

阿詮說，在配送的過程中其實遇到很多挑戰，尤其是糯米酒的菌種相當活躍，很擔心在運輸途中瓶身搖晃爆炸。直到實際喝到牽手酒，跟著林裕森老師一起跑宣傳的時候，才真實感受到他們在做的事情多麼有趣又前衛。

二〇二一年，金色三麥加入了釀酒的行列，在跨文化的牽手酒組合中，添加了啤酒特有的麥粕。阿詮期望將這樣創新的組合延續下來，於是以出力釀酒廠的名義申請新的釀酒牌照。然而，不同類型的酒申請條件及設備需求都有所不同，而牽手酒更是無法以常規分類的釀造類。

「承辦單位不知道要怎麼處理，我們找了很多資料，提供網路上的資訊，來回溝通了很多次。」歷經快要一年的時間，牽手酒終於獲准在出力釀生產。以陶甕作為發酵容器，Atolan為名，有著酒釀般酸甜的香氣、淡雅的米香尾韻和強烈的氣泡口感，令人唇齒留香！

在「漣漪人」計畫的活動中，我和阿詮聊著對餐飲行業發展的不同想法，討論到一同創作，決定將出力釀的糯米酒融入Sinasera 24當季甜點裡。

我以香草米布丁鋪底，堆疊上新鮮草莓、草莓果醬，撒上薄薄一層黑胡椒，讓辛辣氣味跟草莓酸甜相互碰撞，最後加上糯米酒冰淇淋和酥脆米餅，增添酒香及米香的甜糯風味。糯米酒本身帶有藥草酒麴的風味，加上出力釀的產品足夠突出，持續性長，單獨享用時能吃到不同層次，製作上也非常簡單。當香甜可口的糯米酒做成冰淇淋，讓人吃了之後，果然愛不釋手！

# 糯米酒冰淇淋

## 準備材料

- 牛奶　一千二百克
- 奶油　四百六十克
- 冰淇淋穩定劑　十二克
- 葡萄糖粉　一百一十克
- 出力釀糯米酒　五百八十克
- 海鹽　三克

## 製作步驟

將材料混合均勻，熬煮到九十度C後靜置冷卻，隨即放入冰淇淋機，啟動製作即可。

## 地酒的傳承與創新

出力釀在二〇二四年邁入第六個年頭，阿詮對未來充滿了期待與想像。「我想要跟部落做更多、更深入的連結。」隨著營運狀況逐漸穩定、產量提升，對藥草的需求也逐步提高，阿詮希望邀請部落婆婆媽媽們加入，一起種植釀酒所需藥草，再以高價向他們收購。

他思考著，當糯米酒達到一定產量時，是否有機會與在地小農用契作的方式，培育專屬的酒米？但牽扯的東西太多，包含酒米的倉儲設備、更大的釀酒發酵槽、增設人力等等。

其實在釀酒產量上升之前，阿詮已經開始部署。考慮到大環境的變化對藥草的生長並不樂觀，擔心藥草有可能失傳，他找到食品工業發展研究所，用科學方式將藥草麴的酵母菌分離取出，分析風味，並建立風味輪。

在這個過程中，阿詮不斷強化酵母菌的母株，讓其風味穩定且顯著，並測試看是否能讓這樣的酵母菌開發成為如商業型酵母一般穩定且便捷使用的菌株。舉例說明，某個菌株有明顯的鳳梨味道，製作過程中添加比較多時，表示這支酒的鳳梨風味就會更突出。這樣的科學作法，讓他們能更有效地掌握糯米酒最後的風味呈現，也不需擔心傳統風味會消失，賦予了阿詮更多底氣，也為未來規模化生產做好充足的準備。

除了培育酵母菌釀酒，阿詮也想為返鄉青年做些什麼。

東部的年輕人口大多前往大城市打拚，其中一個原因是在地就業機會少、選擇有限，年輕人即便願意留下，不見得能找到合適的工作，發揮自身專長，從而被迫學習別的東西。

「我們沒辦法提供多元的就業機會，但以釀酒來說，是否有可能職業化？」葡萄酒、啤酒、威士忌等酒類，都有非常完整的學習課程、證照及行業需求。之前阿詮曾參加過酒展，發現即便是餐飲從業人員，對傳統酒的認知也非常粗淺。他期待針對傳統酒規劃出更有系統性的教學，包含藥草的分類、不同部落產區的特色等，甚至針對小米酒或糯米酒的相關證照。

阿詮與家人在做田野調查期間，聽到非常多有趣的釀酒故事。例如，只有在祭典才會喝到的口嚼酒，就像日本動畫電影《你的名字》所演繹的，將熟糯米放入口中咀嚼，唾液中的澱粉酶會促使糖化反應，取出後靜置於容器中發酵，是古老的釀酒技術，堪稱活歷史。

除了用唾液，有些地方甚至會用年輕男性的汗水作為發酵的介質。還有一種名為「噶瑪蘭紅酒」的糯米酒，酒體如紅酒般的深紅色，用陶甕釀製，全程沒有酒麴的參與，而是用某種綠色的黴菌培養，製作出的酒體帶有單寧，以及濃郁的水果香氣。

阿詮不安於待在自己的舒適圈，而是想辦法讓部落文化透過釀酒被更多人看見，用自己的方式帶動這個產業的發展。聽他分享著各個部落的所見所聞，還有對未來的憧憬，實在令我由衷感到佩服，並期待他嚮往的那天到來。

CHAPTER 18

# 座落深山的世外桃源

# 花格格蓮莊

主廚帶路

如果你上網搜尋「南溪部落」，跳出的關鍵字往往圍繞著「被遺忘的部落」、「偏鄉中的偏鄉」、「遙不可及」的字眼。

南溪部落座落於臺東最北端的深山裡，開車從臺十一線彎進小路，蜿蜒曲折地前行大約半個小時才會抵達。全盛時期，這裡約有一百位族人的小聚落，由老人與孩童守護，青壯年則是外出打工。原有的南溪國小因學齡兒童人數不足已成廢校，孩童們只能由樟原國小校車協助接送到山腳下的學校就讀，名副其實的偏僻。但這麼小的地方容納了多種族群，從日治時代移墾而來的漢人，到阿美族、布農族、閩南及客家人的遷移，南溪已然成為多元族群的移民村落。

美瑛姊正是出生於這樣的時代背景，她在家裡幫忙農務，直至十二歲搬離到臺北生活。

偏遠地區的其中一個優點，或許就是保留生態環境吧！南溪由山林圍繞、溪流作伴，漢人築起的水道灌溉良田、阿美族人捕魚採集野菜、布農族人打獵並種起油茫紅藜等作物。因路途遙遠，沒有外來人口或是遊客的叨擾，農作物向外流通的變因太多，南溪生活的人們自給自足，用最天然的方式滋養這片土地，而這樣原始自然美景一直保存至今。

## 經營多元化的生態園地

離開南溪的美瑛姊，還是會定期返回老家探訪。在都市生活時，總是忘不了在田裡捉泥鰍、鱔魚，玩蟲子的日子。或許是從小就在環境優美的地方長大，美瑛姊特別愛花，還特別到淡水山上租了一塊地，布置自己喜愛的花園。除此之外，她還會在臉書社群上，找尋和她一樣志同道合的花友，分享種植經驗、育種心得等。

二〇一五年，臨屆退休之際，一心渴望擁有自己花田的美瑛姊決定回到南溪，將家中早已廢耕的水田重新整理，用自製竹子水管引流山泉水，開闢成蓮花梯田。

「平池碧玉秋波瑩，綠雲擁扇青搖柄。水宮仙子鬥紅妝，輕步凌波踏明鏡。」宋朝時期張文潛的詩詞，生動地描繪了蓮花在池水中搖曳蕩漾的情境。自古就被歷代詩人所吟詠的蓮花與荷花，也象徵著愛情與高潔，更有不少藝術家以此為題作畫。大多數人會把兩者相提並論，美瑛姊卻告訴我，香水蓮花跟荷花是不一樣的，香水蓮花與荷花都屬睡蓮科的水生植物，前者屬睡蓮，只會開花；後者屬蓮，除了花還有蓮子與蓮藕。辨別的方式很簡單，葉子貼水面的是香水蓮花，葉與花差不多高的則是荷花。

美瑛姊在這個遙遠的地方照顧著自己最喜歡的蓮花，取名「花格格蓮莊」。原本的水梯田經過她的打理，以及近十年的時間照料，早已成為名副其實的蓮花池，培植超過一百種香水蓮花。每個品種之間的顏色、花瓣形狀及大小、用途都有所不同，有些名稱如「泰國國王」、「泰國皇后」甚至代表了品種等級。這麼多琳琅滿目的種類，有些是美瑛姊跟花友們長年交流所得的品種，另一些則是野生蜜蜂遵循自然法則所種出的新品種。

香水蓮花繁衍的方式分成無性與有性，有些品種的蓮花不會有花粉，只能用無性繁殖的方式傳承下去。比較常見的無性繁殖，包括分割塊莖、分株、走莖及子母蓮，其中子母蓮也被稱為葉上苗。顧名思義，葉子上的小芽苗長大後又是一株蓮花。

有性繁殖的成功機率不高，從播種到開花耗時兩年，授粉後的蓮花會沉入水中並膨大，成熟之後種子爆出並漂浮於水面。種子的外層有保護的薄膜，隨著時間破掉，讓種子再次沉入水中，與泥土結合，經過一段時間的醞釀，新的一株香水蓮花才會冒出頭來。

美瑛姊對於蓮花的培育不僅限於觀賞。由於香水蓮花產量高，一棵植株一季可以生長出超過五十朵花。選對了品種，鮮花可食用、乾花可泡茶，蓮花所含的多酚類物質還能開發成美容保健產品。

有一次到山裡拜訪，我捲起褲管，跟美瑛姊一起踏入池中，她向我介紹著每個品種的特色，並試吃它們的花蜜。不同品種的花蜜風味與甜度各不相同，偏深色的蓮花一般會有比較重的味道，尾韻苦味明顯，風味上不那麼討喜。而寒帶品種會帶有像肥皂粉的香味，更適合觀賞。

寒熱帶品種生長環境不同，可以直接從花的外型做出初步判斷，

比如寒帶的花會往側面長，熱帶則是往上生長。她還教我如何擷取蓮花，不傷其根莖的同時，將花朵取下採收，清洗後方能進行日曬。

乾淨的水源，無強風的環境，二十二～三十二度C的理想溫度，正是深山裡所能提供的先天條件，也是蓮花對於生長的環境要求。加上沒有農藥與化肥的干預，周遭的蟲鳴鳥叫伴隨著蓮花一年一期的生命週期，成為一道美麗的風景。

春天的蓮花還在沉睡中，隨著天氣回暖，六月的山林中開始瀰漫著一股清新淡雅的香氣，香水蓮花們隨著太陽冒出頭而盛開，至傍晚閉合，直至每年十二月。雖說蓮花有大半年的時間不停地開花，卻只有開花的前三天能夠採收食用。

「要用來做花茶的蓮花要挑狀態好的。」美瑛姊解釋：「花瓣要新鮮，可從花心的狀態判斷這個蓮花是第幾天的。」

第一天的花朵清香，花心是打開的，可以看到中央分泌柱頭液吸引昆蟲前來授粉。臺東空氣好、太陽大，經過第一天的日曬，第二天的花蜜與柱頭液都會乾燥，第三天的花蕊會呈現些許的褐色，香味濃郁，帶有花粉味。最外圍的綠色葉子又名花萼，帶有澀味，需在日曬前先行處理掉。

每天早上，美瑛姊會在香水蓮花最好的狀態下採收，回到住所用山泉水清洗收成的花朵，並除去不雅觀的花萼及多餘的莖。完成後瀝乾，平鋪在竹簍上，藉由東部烈日進行曝曬。天氣好的日子只需一天半的時間即可完全曬透，隨之收納，並且包裝、販售。

新鮮蓮花吃起來有點像沙拉清脆、甘甜的感覺，我更喜歡美瑛姊準備的香水蓮花茶，簡單沖泡便能讓清新優雅的香氣釋出。其沖泡方式很簡單，取一朵乾燥香水蓮花放入沖泡容器中，無須洗茶步驟，直接以沸騰的二百～五百CC熱開水沖泡，水量視花朵大小及個人喜好而定。靜置三到五分鐘，茶湯呈金黃色後即可享用。花茶可回沖，乾燥泡開的花朵一樣可食用。

如果天氣比較炎熱，加入少許冰糖或冰塊更消暑。炎炎夏日，品茗一杯好茶，就能度過一個悠閒的午後。

## 與山林為伍，推廣生態旅遊

環境優美的地域自然少不了動植物的發展，美瑛姊的蓮莊蘊藏著市面上找不到的寶物。沒有化學肥料、除草劑的破壞，田野成為動物及昆蟲的好居所，隨處可見泥鰍、鱔魚、負子蟲、龍蝨、紅娘華等，甚至還有多達十一種的蛙類。

過往阿美族常以山中野菜為食，當地居民能辨別什麼能吃、什麼是藥草、什麼有毒需避開，其中一種只有在水源極度乾淨的地域才會生長的野菜——水田芥，帶有山葵的風味，在這裡肆無忌憚地生長著，也是Sinasera 24用於配菜的元素之一。

這樣的好山好水，吸引了一些生態學者前來考察。二〇二二年，在臺灣觀光局的贊助之下，拍攝了以「臺東發現之旅」為主題的影片，鏡頭跟隨著兩位米其林主廚上山探索山林裡的香草與野菜，包含龍葵、飛機菜、山茼蒿、紫背草等。拍攝過程中，負責帶路的美瑛姊和部落耆老還隨性發揮，翻找小溪流石頭下的溪蝦、螃蟹等，非常有趣，也讓觀眾見識到這片土地上生物的多樣性。

在疫情肆虐、國旅蓬勃發展時期，美瑛姊規劃了生態導覽的深度旅遊，讓參與者能夠穿梭在欒樹林步道中，下水田體驗摸田螺、抓泥鰍。走累了，回到陰涼處，品味新

鮮沖泡的蓮花茶，並與美瑛姊一起做手工藝，編織籐籃、做小掃帚等，成品可以帶回家當紀念。有機會還能品嘗到美瑛姊用在地隨手取得的物產，所做的一席豐盛料理呢！

我很慶幸能認識美瑛姊，從而領略大自然的無窮魅力。

回想認識美瑛姊的過程，也是認識的農友介紹的。美瑛姊回到臺東後，參與了長濱籌辦的活動——野市集，與友善耕作的小農相互交流，一同推廣自然農法及在地文化，銷售農產品，並結識了同樣從北部下來志同道合的朋友，而這幾位朋友正是我們配合的廠商。這幾年他們除了發展自有農產品的競爭力，更致力於推廣在地文化特色，希望把臺東的美好傳遞給更多的人。

我在長濱的這些年，感受最深的就是人與人之間傳遞的溫暖。雖然每一戶人家都住得很遠，大家還會開玩笑地說：「十公里以內都是鄰居！」但這裡的鄰居們會互相照顧、鼓勵，與土地一起和諧共處。

南溪部落距離Sinasera24所在的南竹湖部落，需要一個半小時左右的車程。即便如此，美瑛姊時常把好食材送來給我們，甚至還會特別幫鄰居詢問看看，餐廳是否也能用到他們的產品，這或許就是屬於長濱人的浪漫吧！

生活文化 92

# 主廚帶路——風味絕佳的東臺灣食材之旅

作者 楊柏偉 Nick
文字採訪整理 謝資闐 Tina
攝影 李維尼
部分照片提供 謝資闐
責任編輯 龔槵甄
校對 劉素芬
美術設計 王瓊瑤

總編輯 龔槵甄
董事長 趙政岷
出版者 時報文化出版企業股份有限公司
一〇八〇一九 臺北市和平西路三段二四〇號四樓
發行專線 （〇二）二三〇六六八四二
讀者服務專線 〇八〇〇二三一 七〇五
（〇二）二三〇六六八四二
讀者服務傳真 （〇二）二三〇四六八五八
郵撥 一九三四四七二四 時報文化出版公司
信箱 一〇八九九 臺北華江橋郵局第99信箱

時報悅讀網 www.readingtimes.com.tw
法律顧問 理律法律事務所 陳長文律師、李念祖律師
印刷 華展印刷有限公司
初版一刷 二〇二四年十一月十五日
初版二刷 二〇二五年二月七日
定價 新台幣五二〇元


主廚帶路：風味絕佳的東臺灣食材之旅／
楊柏偉著；謝資闐文字採訪整理. -- 初版.
-- 臺北市：時報文化出版企業股份有限公司, 2024.11
面； 公分. --（生活文化；92）
ISBN 978-626-396-937-7(平裝)

1.CST: 飲食 2.CST: 文集

427.07 113016035

ISBN 978-626-396-937-7
Printed in Taiwan